每日设计

新 编 实 战 型 培 训 教 材

安麒 著

# 从零开始 ▶

# CINEMA 4D 中文版案例教程

U0191161

人民邮电出版社

北京

**图书在版编目（CIP）数据**

从零开始：CINEMA 4D中文版案例教程 / 安麒著
. -- 北京 ：人民邮电出版社，2021.10
ISBN 978-7-115-56927-1

Ⅰ．①从… Ⅱ．①安… Ⅲ．①三维动画软件—教材
Ⅳ．①TP391.414

中国版本图书馆CIP数据核字(2021)第133169号

## 内 容 提 要

本书从认识 CINEMA 4D 软件界面开始，以实例为主线，由浅入深地讲解了三维模型的创建、材质及材质的参数调整、场景及灯光的配置、效果图渲染的相关知识，可以帮助读者快速掌握 CINEMA 4D 的使用方法。

本书分为 6 章。第 1 章讲解了 CINEMA 4D 的核心功能及为什么要学习 CINEMA 4D；第 2 章讲解了 CINEMA 4D 的软件界面，特别是界面的两大组成部分——分栏和窗口，同时还讲解了文件与工程的基础知识；第 3 章以 3 种基础几何体练习为例，讲解了 CINEMA 4D 的新建、调整、移动、旋转等基础操作，且从点、线、面 3 个方面对每一种几何模型都进行深入解析；第 4 章至第 6 章通过大量循序渐进的案例讲解，使读者可以快速入门，并熟练掌握 CINEMA 4D 的核心功能，输出优质的效果图。

本书附赠所有案例的素材、源文件及教学视频，便于读者学习使用。

对于初学者来说，本书是一本图文并茂、通俗易懂的学习手册；对于想要快速入门 CINEMA 4D 这款软件及快速入门三维设计的学习者和创作者来说，本书是十分实用的参考资料。

◆ 著　　　　安　麒
　 责任编辑　罗　芬
　 责任印制　王　郁　彭志环

◆ 人民邮电出版社出版发行　　北京市丰台区成寿寺路 11 号
　 邮编　100164　电子邮件　315@ptpress.com.cn
　 网址　https://www.ptpress.com.cn
　 廊坊市印艺阁数字科技有限公司印刷

◆ 开本：787×1092　1/16
　 印张：12.5　　　　　　　　2021 年 10 月第 1 版
　 字数：325 千字　　　　　　2025 年 1 月河北第 7 次印刷

定价：59.90 元

读者服务热线：(010)81055410　印装质量热线：(010)81055316
反盗版热线：(010)81055315
广告经营许可证：京东市监广登字 20170147 号

# 前言

## 软件介绍

CINEMA 4D（C4D）是Maxon Computer公司研发的三维图形绘制软件，包含建模、动画、渲染、角色、粒子及插画等模块。它具备极高的运算速度和强大的渲染能力，曾在电影《毁灭战士》《阿凡达》的制作中起到重要的作用。

## 本书内容介绍

本书的主要内容如下。

第1章讲解了CINEMA 4D的核心功能及为什么要学习CINEMA 4D。通过本章的学习，读者可以清晰地感受到CINEMA 4D的强大之处。

第2章讲解了CINEMA 4D的软件界面，包括分栏和窗口。同时，本章还讲解了文件与工程的基础知识。

第3章以3种基础几何体——立方体、圆柱、球体为例，讲解了新建、调整、移动、旋转等操作，并且对每个几何体的特点进行单独的分析讲解，使读者对模型有深入的理解。

第4章通过大量的初级案例，对基础几何体进行组合运用，同时在案例中加入变形工具组和造型工具组中的效果器，丰富模型的变化。通过本章的学习，读者可以掌握基础三维模型的创建、材质及材质的参数调整、场景及灯光的搭建，直至渲染出效果图。

第5章通过中级难度的案例，在第4章所讲知识点的基础上，对几何体本身进行编辑，同时不再局限于效果器的添加，而是对效果器的参数进行进一步调整。除此之外，通过学习多种几何体及多种效果器的组合使用，读者可以掌握中等难度的三维模型创建、材质及材质的参数调整、场景及灯光的搭建，直至渲染出效果图。

通过第4章和第5章的学习，读者已掌握了基础几何体的使用技巧，同时也学习了如何使用变形工具组和造型工具组中的多种效果器，具备了独立建模的能力。因此，第6章的高级案例精简了具体的操作步骤，留给读者自我思考和探索的空间，希望读者可以基于作者的建模思路，结合自己的认知，高效地创建自己所需要的模型，同时搭配合适的场景及灯光，直到渲染出效果图。

## 增值服务

在应用商店中搜索下载"每日设计"App，打开App，搜索书号"56927"，即可进入本书页面，获得全方位增值服务。

- **图书导读**

① 图书导读音频：由作者讲解，介绍全书的精华所在。

② 配套讲义：对全书知识点的梳理及总结，方便读者更好地掌握学习重点。同时还附带全书配套视频。

③ 全书思维导图：通览全书讲解逻辑，帮助读者明确学习目标。

● 软件学习和作业提交

① 案例和练习题的素材文件和源文件：让实践之路畅通无阻，便于读者对比作者制作的效果，完善自己的作品。在"每日设计"App本书页面底部可以直接下载。

② 课堂练习的详细讲解视频：题目做不出来不用怕，详细讲解视频来帮忙。在"每日设计"App本书页面"配套视频"栏目，读者可以在线观看或下载全部配套视频。此外，读者还可以直接扫描书中课堂练习后的二维码进行观看学习。

③ 训练营：读者做完的案例和练习题可以封装提交到"每日设计"App的"训练营"栏目，并可在此获得专业人士的点评。

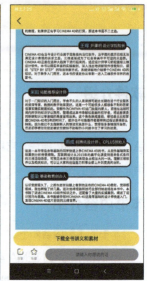

● 拓展学习

① 热文推荐：在"每日设计"App的"热文推荐"栏目，读者可以了解CINEMA 4D的最新资讯和操作技巧。

② 老师好课：在"每日设计"App的"老师好课"栏目，读者可以学习其他相关的优质课程，全方位提高自己。

# 目录

# 第 1 章

# 初识CINEMA 4D

本章主要讲解CINEMA 4D的核心功能，以及为什么要学习CINEMA 4D。通过本章的学习，读者可以清晰地感受到CINEMA 4D的强大之处。

 每日设计

# 1.1 什么是CINEMA 4D

CINEMA 4D（C4D）是Maxon Computer公司研发的三维设计软件，包含建模、动画、渲染、角色、粒子及插画等模块。它具备极高的运算速度和强大的渲染能力，曾在电影《毁灭战士》《阿凡达》的制作中起到重要的作用。

# 1.2 CINEMA 4D的功能

CINEMA 4D和Maya、3ds Max属于同一时代的三维设计软件。CINEMA 4D在全球拥有大量的用户群体，但是在国内起步时间较晚，其普及程度低于Maya、3ds Max。

CINEMA 4D发布于1989年，随着其功能越来越强大、完善，如今已经成为三维设计界的新任"流量小生"，集万千宠爱于一身的设计界翘楚。它不仅在电商设计方面表现优异，在平面设计、工业设计、影视制作、UI设计方面的运用也非常广泛，甚至很多好莱坞大片用CINEMA 4D制作人物模型。

CINEMA 4D在Web UI方面的应用如图1-1~图1-3所示。

图1-1                                          图1-2

CINEMA 4D在产品设计方面的应用如图1-4所示。

图1-3                                          图1-4

CINEMA 4D在建筑设计方面的应用如图1-5~图1-8所示。

图1-5

图1-6

图1-7

图1-8

CINEMA 4D在抽象场景方面的应用如图1-9和图1-10所示。

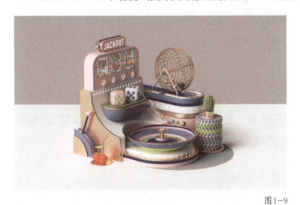

图1-9

图1-10

CINEMA 4D在广告设计方面的应用如图1-11所示。

图1-11

# 1.3 为什么选择CINEMA 4D

CINEMA 4D主要应用于影视栏目包装、电商海报、工业产品渲染等行业，与市面上其他的三维设计软件相比，主要有以下几点优势。

## 1. 界面简洁且功能强大

CINEMA 4D的界面比Maya、3ds Max简洁很多，并且提供了丰富的内置功能，可以轻易实现三维设计相对复杂的UV、贴图绘制、雕刻等。CINEMA 4D可以在三维模型上进行绘画，并支持多种笔触、压感和图层。同时，CINEMA 4D拥有较为完善的毛发系统、节点式、表达式和粒子系统。此外，与其他三维设计软件相比，CINEMA 4D对计算机配置的要求并不高。

## 2. 上手容易

CINEMA 4D的上手难度远远低于Maya、3ds Max等三维设计软件。它的功能丰富，层级关系清晰，而且能够快速地渲染出图。

## 3. 强大的渲染器及插件

CINEMA 4D拥有强大的内置渲染器，渲染速度快且渲染质量高，尤其是在工业渲染领域的表现尤为突出，可以在最短的时间内创造出最具质感和真实感的作品。同时，CINEMA 4D拥有大量的渲染插件，例如：渲染器插件Octane Render、渲染器插件SolidAngle Arnold、渲染器插件V-Ray、植物制作插件Forester、植物制作插件Ivy Grower（藤蔓生长）、地形分布插件Laubwerk SurfaceSPREAD、布尔插件TGS MeshBoolean、像素插件Tools4D Voxygen、烟幕插件TurbulenceFD、噪波着色器插件CodeVonc Proc3durale、电子元件纹理贴图软件JSplacement（独立软件）、流体插件RealFlow、网格制作软件Instant Meshes（独立软件）、转面插件Dual Graph。

## 4. 兼容性高

CINEMA 4D可以与Adobe Photoshop、Adobe Illustrator、Adobe After Effects无缝衔接，其中CINEMA 4D和Adobe After Effects软件的结合使用，在商业广告、MG动画、影视片头、电视栏目包装、室内设计、电商及平面设计、工业设计等方面都有较好的表现。

## 5. 强大的预设库

CINEMA 4D拥有丰富而强大的预设库，用户可以轻松地从它的预设库中找到需要的模型、贴图、材质、照明、环境、动力学等相关的素材，从而提高工作效率。

第 **2** 章

# 认识CINEMA 4D的软件界面

本章主要讲解CINEMA 4D的软件界面，包括分栏和窗口等。同时，本章还讲解了文件与工程的基础知识，如新建、保存等。

CINEMA 4D的界面主要由"分栏"和"窗口"组成，其中分栏主要包括菜单栏、工具栏、编辑模式工具栏、提示栏，窗口主要包括视图窗口、动画编辑窗口、材质窗口、坐标窗口、对象窗口和属性窗口。

 每日设计

# 2.1 分栏

CINEMA 4D的分栏主要包括菜单栏、工具栏、编辑模式工具栏、提示栏，如图2-1所示。

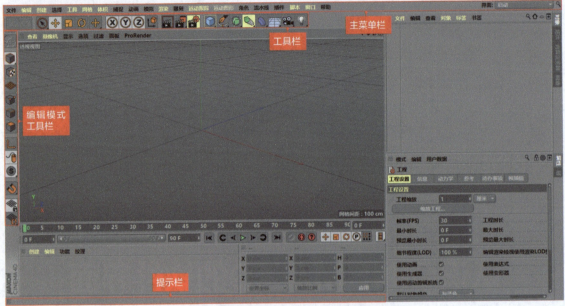

图2-1

## 2.1.1 菜单栏

CINEMA 4D的菜单栏可以分为主菜单栏和窗口菜单，其中主菜单栏位于界面的最上方，如图2-2所示。

图2-2

窗口菜单主要分为视图窗口菜单、对象窗口菜单、属性窗口菜单，如图2-3所示。

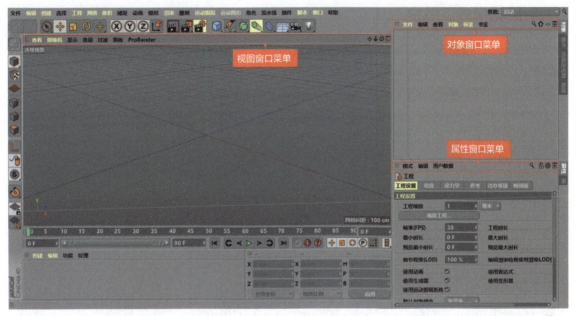

图2-3

## 2.1.2 工具栏

CINEMA 4D的工具栏位于主菜单栏的下方，分为独立工具和工具组。独立工具主要按照工具的使用频率划分，包括常用的完全撤销和完全重做按钮，以及选择工具组、视图操作工具、显示当前所选工具、坐标工具、渲染工具等；工具组则按照工具的类型和功能进行划分，将相似类型和功能的工具划分到同一个工具组中，主要包括参数化对象、曲线工具组、NURBS、造型工具组、变形工具组及场景设定、灯光设定等，如图2-4所示。

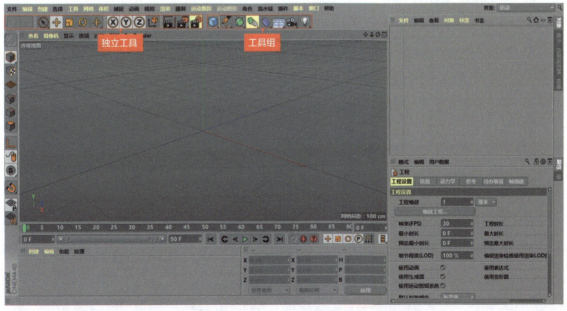

图2-4

### 2.1.3 编辑模式工具栏

　　CINEMA 4D的编辑模式工具栏位于界面的最左端，包含了不同的编辑模式工具。其工作模式有3种，包括模型模式、纹理模式、工作平面模式；其显示模式有3种，包括点模式、线模式、面模式，在建模过程中，经常会在这3种显示模式之间进行切换。此外，CINEMA 4D还包括启动轴心、视窗显示模型等功能，如图2-5所示。

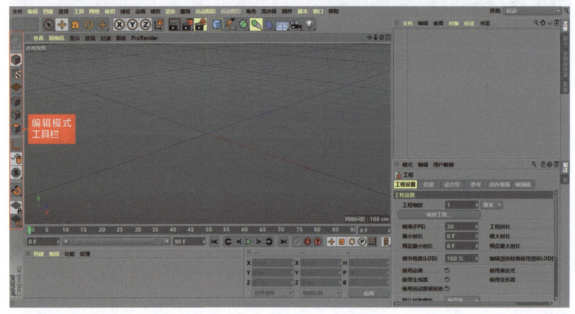

图2-5

### 2.1.4 提示栏

　　CINEMA 4D的提示栏位于界面的最下方，主要用于显示光标所在的区域、当前使用的工具、功能提示信息及错误警告信息等，如图2-6所示。

图2-6

# 2.2 窗口

CINEMA 4D的窗口主要包括视图窗口、动画编辑窗口、材质窗口、坐标窗口、对象窗口和属性窗口，如图2-7所示。

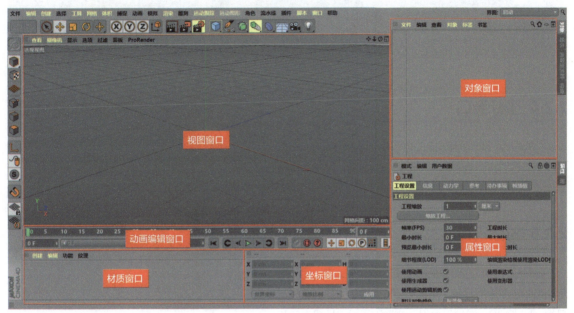

图2-7

## 2.2.1 视图窗口

打开CINEMA 4D后，即可进入默认的透视视图界面，如图2-8所示。

单击鼠标滑轮调出四视图，如图2-9所示。在任意视图窗口单击鼠标滑轮即可进入该视图。

图2-8

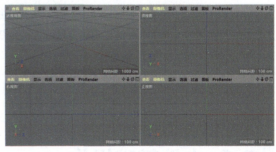

图2-9

## 2.2.2 动画编辑窗口

CINEMA 4D的动画编辑窗口位于视图窗口的下方，包含时间轴和动画编辑工具，如图2-10所示。

图2-10

### 2.2.3 材质窗口

CINEMA 4D的材质窗口位于动画编辑窗口的下方，用于创建、编辑、管理材质。在材质窗口上双击即可新建材质，如图2-11所示。

图2-11

### 2.2.4 坐标窗口

CINEMA 4D的坐标窗口位于动画编辑窗口的下方、材质窗口的右方，用于编辑所选对象的位置、尺寸、旋转角度等参数，如图2-12所示。

图2-12

### 2.2.5 对象窗口

CINEMA 4D的对象窗口位于界面的右上方，用于显示和编辑场景中的对象、对象标签、参数化对象、曲线工具组、NURBS、造型工具组、变形工具组、场景设定和灯光设定等内容，如图2-13所示。

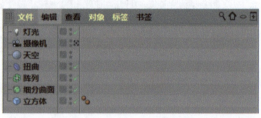

图2-13

### 2.2.6 属性窗口

CINEMA 4D的属性窗口位于界面的右下角，用于管理和编辑场景中的对象、对象标签、参数化对象、曲线工具组、NURBS、造型工具组、变形工具组、场景设定和灯光设定等内容，如图2-14所示。

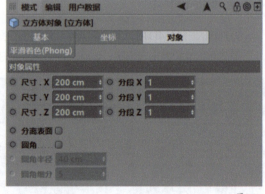

图2-14

# 2.3 文件基础操作

文件是在CINEMA 4D中制作的工程信息的合集。一个文件既可以是一个单独的工程，也可以是多个工程的合集，如图2-15所示。

### 2.3.1 新建文件

在主菜单栏中，选择"文件"中的"新建"即可新建一个文件，选择"文件"中的"打开"即可打开一个文件夹中的文件，选择"文件"中的"合并"即可将任意场景中的文件合并，选择"文件"中的"恢复"即可恢复到上次保存的文件状态，如图2-16所示。

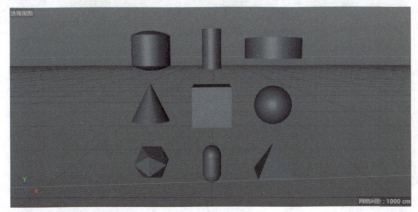

图2-15                                                                                                图2-16

### 2.3.2 关闭文件

在主菜单栏中，选择"文件"中的"关闭"即可关闭当前编辑的文件，选择"文件"中的"全部关闭"即可关闭所有文件，如图2-17所示。

### 2.3.3 保存文件

在主菜单栏中，选择"文件"中的"保存"即可保存当前编辑的文件，选择"文件"中的"另存为"即可将当前编辑的文件另存为一个新的文件，选择"文件"中的"增量保存"即可将当前编辑的文件自动加上序列另存为新的文件，如图2-18所示。

### 2.3.4 保存工程

在主菜单栏中，选择"文件"中的"全部保存"即可保存全部文件，选择"文件"中的"保存工程（包含资源）"即可将当前编辑的文件保存成一个工程文件，文件中用到的资源素材也会被保存到工程文件中，如图2-19所示。

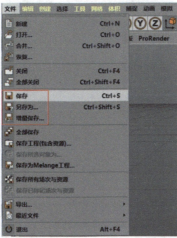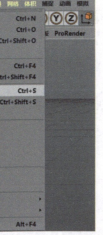

图2-17                                          图2-18                                          图2-19

# 3种基础几何体练习

本章以3种常用的几何模型——立方体、圆柱和球体为例，讲解了新建、调整、移动、旋转等基础操作，并且对每个几何模型的特点进行单独的分析讲解，使读者对模型有深入的理解。

 每日设计

# 3.1 立方体

立方体，也称为正方体，它是由6个正方形面组成的正多面体，故又称正六面体。它有12条边和8个顶点，通过调整这些边和顶点，可以得到不同造型的立方体。立方体是三维建模中常用的几何体之一，如图3-1所示。

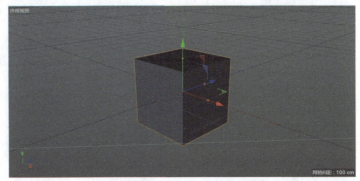

图3-1

## 3.1.1 新建立方体

在默认的透视视图界面下，在上方的工具栏中，选择"参数化对象"中的"立方体"对象，即可在场景中新建一个"立方体"对象，如图3-2所示。

透视视图界面中的效果如图3-3所示。

图3-2

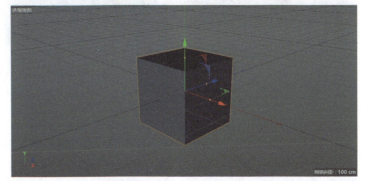

图3-3

## 3.1.2 调整立方体

在场景中新建一个"立方体"对象后，右下角会自动弹出"立方体对象"窗口，且默认进入"对象"窗口，如图3-4所示。

**尺寸.X，尺寸.Y，尺寸.Z:** 可以简单地理解为"立方体"对象的长宽高，原始参数均为"200 cm"，如图3-5所示，通过调整对应的参数，可以改变"立方体"对象的长宽高。

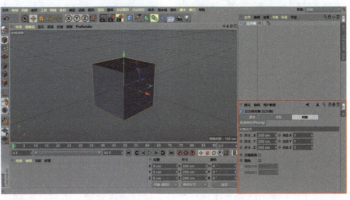

图3-4

**分段X, 分段Y, 分段Z:** 通过调整对应的参数, 可以增加或减少"立方体"对象的分段数, 如图3-6所示。

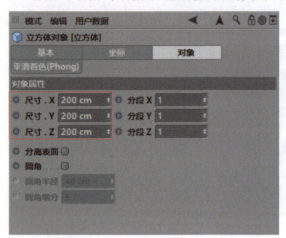
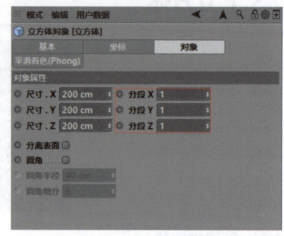

图3-5           图3-6

**分离表面:** 勾选"分离表面"后, 在左侧编辑模式工具栏中选择"转为可编辑对象", 可以将"对象"窗口中的"立方体"对象分离为6个平面, 如图3-7所示。

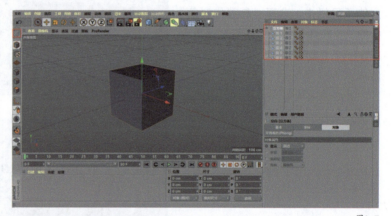

图3-7

**圆角:** 勾选"圆角"后, CINEMA 4D将自动对"立方体"对象执行"倒角"命令, 默认的"圆角半径"为"40 cm", "圆角细分"为"5", 通过修改"圆角半径"和"圆角细分"可以任意地调整"倒角"程度, 如图3-8所示。

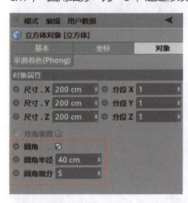
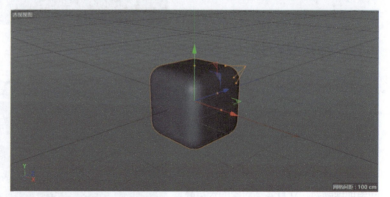

图3-8

## 3.1.3 移动立方体

按【E】键切换到"移动"工具, 按住鼠标左键, 沿着红色箭头的方向, 将"立方体"对象向右拖曳, 即可将"立方体"对象向右移动任意距离，如图3-9所示。同理，逆着红色箭头的方向，将"立方体"对象向左拖曳，即可将"立方体"对象向左移动任意距离。

图3-9

按【E】键切换到"移动"工具，按住鼠标左键，沿着蓝色箭头的方向，将"立方体"对象向后拖曳，即可将"立方体"对象向后移动任意距离，如图3-10所示。同理，逆着蓝色箭头的方向，将"立方体"对象向前拖曳，即可将"立方体"对象向前移动任意距离。

图3-10

按【E】键切换到"移动"工具，按住鼠标左键，沿着绿色箭头的方向，将"立方体"对象向上拖曳，即可将"立方体"对象向上移动任意距离，如图3-11所示。同理，逆着绿色箭头的方向，将"立方体"对象向下拖曳，即可将"立方体"对象向下移动任意距离。

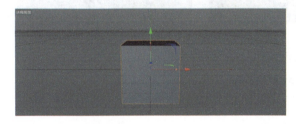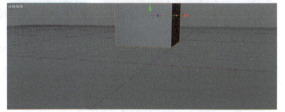

图3-11

### 3.1.4 旋转立方体

按【R】键切换到"旋转"工具，按住鼠标左键，沿着红色圆环、绿色圆环、蓝色圆环的不同方向进行拖曳，可以旋转任意角度。同时，也可以在下方的对象坐标窗口中，直接修改"H""P""B"的参数，并单击"应用"按钮进行旋转，如图3-12所示。

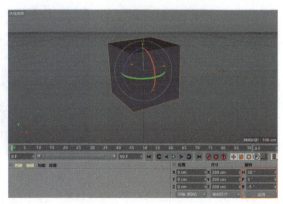

图3-12

### 3.1.5 立方体的点线面

#### 1. 立方体的点处理方式

在透视视图界面下，在左侧的编辑模式工具栏中，选择"转为可编辑对象"，将"立方体"对象转化为可编辑对象，如图3-13所示。

在左侧的编辑模式工具栏中，选择"点模式"，即可对"立方体"对象的点进行单独编辑，如图3-14所示。

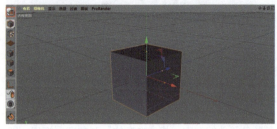

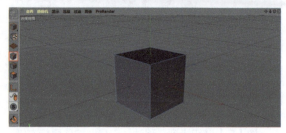

图3-13　　　　　　　　　　　　　　　　　　　　　　　　　　　　图3-14

### 问题：如何选中"立方体"对象顶部的4个点？

**方法1：** 在透视视图界面下，在工具栏中选择"框选"工具，如图3-15所示。

在透视视图界面下，使用"框选"工具框选图3-16所示的区域。

"立方体"对象顶部的4个点被选中，如图3-17所示。

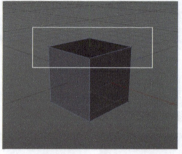

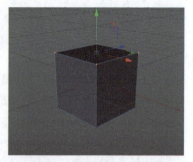

图3-15　　　　　　　　　　　　　图3-16　　　　　　　　　　　　　图3-17

**方法2：** 在透视视图界面下，在工具栏中选择"实时选择"工具，如图3-18所示。

在透视视图界面下，使用"实时选择"工具选择图3-19所示的1个点。

在透视视图界面下，按住【Shift】键，继续使用"实时选择"工具加选剩余的3个点，即可选中"立方体"对象顶部的4个点，如图3-20所示。

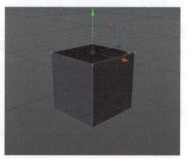

图3-18　　　　　　　　　　　　　图3-19　　　　　　　　　　　　　图3-20

**方法3：** 在透视视图界面下，在工具栏中选择"移动"工具，如图3-21所示。

在透视视图界面下，直接选择图3-22所示的1个点。

在透视视图界面下，按住【Shift】键，继续加选剩余的3个点，即可选中"立方体"对象顶部的4个点，如图3-23所示。

图3-21

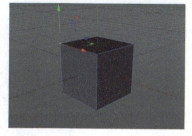
图3-22

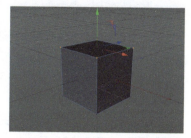
图3-23

### 2. 立方体的边处理方式

在左侧的编辑模式工具栏中，选择"边模式"，即可对"立方体"对象的边进行单独编辑，如图3-24所示。

**问题：如何选中"立方体"对象侧面的4条边？**

**方法1：** 在透视视图界面下，在工具栏中选择"实时选择"工具，如图3-25所示。

在透视视图界面下，使用"实时选择"工具选择图3-26所示的1条边。

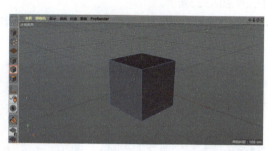
图3-24

在透视视图界面下，按住【Alt】键结合鼠标滑轮调整视图角度，然后按住【Shift】键，继续使用"实时选择"工具加选剩余的3条边，即可选中"立方体"对象侧面的4条边，如图3-27所示。

图3-25

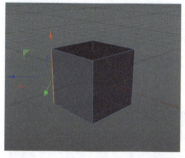
图3-26

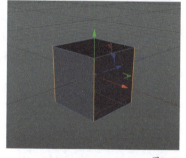
图3-27

**方法2：** 在透视视图界面下，在工具栏中选择"移动"工具，如图3-28所示。

在透视视图界面下，直接选择图3-29所示的1条边。

在透视视图界面下，按住【Shift】键，继续加选剩余的3条边，即可选中"立方体"对象侧面的4条边，如图3-30所示。

图3-28

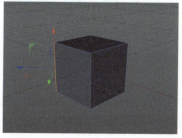
图3-29

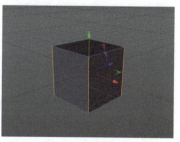
图3-30

### 3. 立方体的面处理方式

在左侧的编辑模式工具栏中，选择"面模式"，即可对"立方体"对象的面进行单独编辑，如图3-31所示。

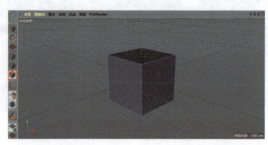

图3-31

**问题：如何选中"立方体"对象不相邻的两个面？**

**方法1：** 在透视视图界面下，在工具栏中选择"实时选择"工具，如图3-32所示。

在透视视图界面下，使用"实时选择"工具选择1个面，如图3-33所示。

在透视视图界面下，按住【Alt】键结合鼠标滑轮调整视图角度，然后按住【Shift】键，继续使用"实时选择"工具加选与所选中面不相邻的面，即可选中"立方体"对象不相邻的两个面，如图3-34所示。

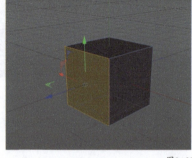
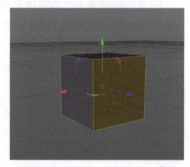

图3-32                          图3-33                          图3-34

**方法2：** 在透视视图界面下，在工具栏中选择"移动"工具，如图3-35所示。

在透视视图界面下，直接选择1个面，如图3-36所示。

在透视视图界面下，按住【Shift】键，继续加选与所选中面不相邻的面，即可选中"立方体"对象不相邻的两个面，如图3-37所示。

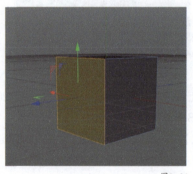
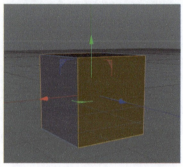

图3-35                          图3-36                          图3-37

# 3.2 圆柱

在同一个平面内有1条定直线和1条动线，当这个平面绕着这条定直线旋转一周时，这条动线所成的面称为旋转面，这条定直线称为旋转面的轴，这条动线称为旋转面的母线。如果母线是和轴平行的1条直线，那么所生成的旋转面称为圆柱面。如果用垂直于轴的两个平面去截圆柱面，那么两个截面和圆柱面所围成的几何

体称为直圆柱，简称圆柱，如图3-38
所示。

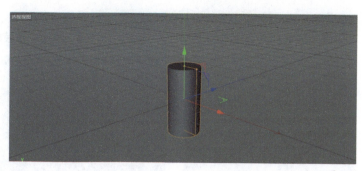

图3-38

## 3.2.1 新建圆柱

在默认的透视视图界面下，在上方
的工具栏中，选择"参数化对象"中的
"圆柱"对象，即可在场景中新建一个
"圆柱"对象，如图3-39所示。

透视视图界面中的效果如图3-40所示。

图3-39

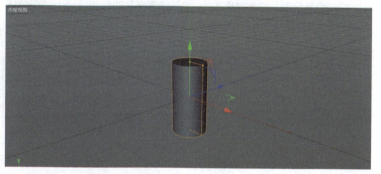

图3-40

## 3.2.2 调整圆柱

在场景中新建一个"圆柱"对象后，右下角会自动弹出"圆柱对象"窗口，且默认进入"对象"窗口，如
图3-41所示。

**半径：** 对应"圆柱"对象的半径，通过调整对应的参数，可以改变"圆柱"对象的半径。CINEMA 4D默
认的原始半径为"50 cm"，如图3-42所示。

**高度：** 对应"圆柱"对象的高度，通过调整对应的参数，可以改变"圆柱"对象的高度。CINEMA 4D默
认的原始高度为"200 cm"，如图3-42所示。

图3-41

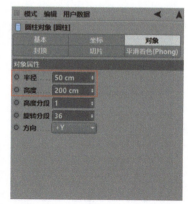

图3-42

**旋转分段：**"圆柱"对象纬度上的分段数。

将"旋转分段"的参数修改为"3"，"圆柱"对象将转换为"三棱柱"对象，如图3-43所示。

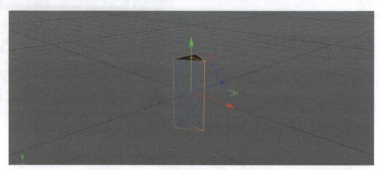

图3-43

将"旋转分段"的参数修改为"4"，"圆柱"对象将转换为"四棱柱"对象，如图3-44所示。

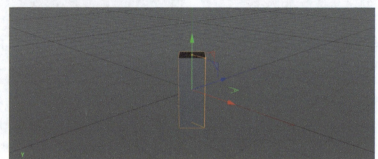

图3-44

**方向：**"圆柱"对象的方向。

将"方向"的参数修改为"+Y"，透视视图界面中的效果如图3-45所示。

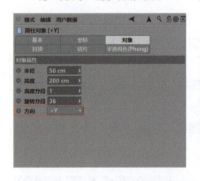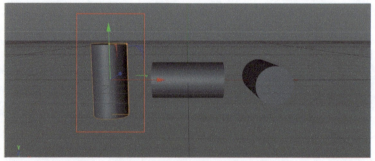

图3-45

将"方向"的参数修改为"+X"，透视视图界面中的效果如图3-46所示。

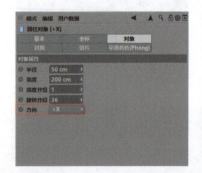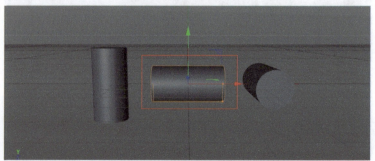

图3-46

将"方向"的参数修改为"+Z",透视视图界面中的效果如图3-47所示。

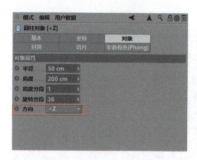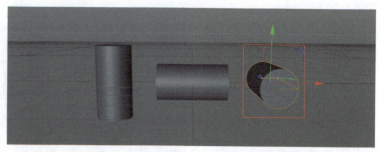

图3-47

**封顶:** "圆柱"对象的上下两个面,CINEMA 4D中默认勾选"封顶",即保留"圆柱"对象的上下两个面。在右下角的"圆柱对象"窗口中,选择"封顶"窗口,可取消勾选"封顶"。取消勾选"封顶"后的效果如图3-48所示。

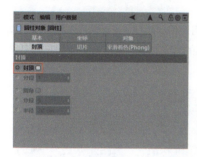

图3-48

**圆角:** 勾选"圆角"后,CINEMA 4D将自动对"圆柱"对象执行"倒角"命令,默认的"半径"为"20 cm","分段"为"5",通过修改"半径"和"分段"可以任意地调整"倒角"程度。勾选"圆角"后的效果如图3-49所示。

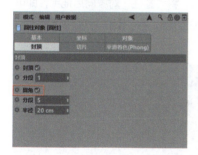

图3-49

**切片:** 进入"切片"窗口,CINEMA 4D默认取消勾选"切片",即"圆柱"对象没有起点角度和终点角度。勾选"切片",CINEMA 4D默认起点角度为"0°",默认终点角度为"180°"。勾选"切片"后的效果如图3-50所示。

图3-50

在"切片"窗口中，通过修改起点角度和终点角度，可以任意调整"圆柱"对象的起点角度和终点角度，如图3-51所示。

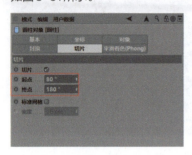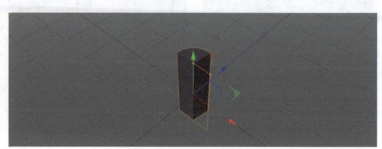

图3-51

## 3.2.3 移动圆柱

按【E】键切换到"移动"工具，按住鼠标左键，沿着红色箭头的方向，将"圆柱"对象向右拖曳，即可将"圆柱"对象向右移动任意距离，如图3-52所示。同理，逆着红色箭头的方向，将"圆柱"对象向左拖曳，即可将"圆柱"对象向左移动任意距离。

图3-52

按【E】键切换到"移动"工具，按住鼠标左键，沿着蓝色箭头的方向，将"圆柱"对象向后拖曳，即可将"圆柱"对象向后移动任意距离，如图3-53所示。同理，逆着蓝色箭头的方向，将"圆柱"对象向前拖曳，即可将"圆柱"对象向前移动任意距离。

图3-53

按【E】键切换到"移动"工具，按住鼠标左键，沿着绿色箭头的方向，将"圆柱"对象向上拖曳，即可将"圆柱"对象向上移动任意距离，如图3-54所示。同理，逆着绿色箭头的方向，将"圆柱"对象向下拖曳，即可将"圆柱"对象向下移动任意距离。

图3-54

### 3.2.4 旋转圆柱

按【R】键切换到"旋转"工具，按住鼠标左键，沿着红色圆环、绿色圆环、蓝色圆环的不同方向进行拖曳，可以旋转任意的角度。同时，也可以在下方的对象坐标窗口中，直接修改"H""P""B"的参数，并单击"应用"按钮进行旋转，如图3-55所示。

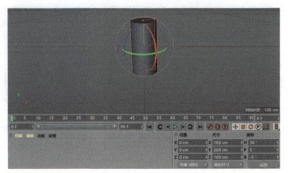

图3-55

### 3.2.5 圆柱的点线面

#### 1. 圆柱的点处理方式

在透视视图界面下，在左侧的编辑模式工具栏中，选择"转为可编辑对象"，将"圆柱"对象转化为可编辑对象，如图3-56所示。

在左侧的编辑模式工具栏中，选择"点模式"，即可对"圆柱"对象的点进行单独编辑，如图3-57所示。

图3-56

图3-57

**问题：如何选中"圆柱"对象顶部的一圈点？**

**方法1：** 在透视视图界面下，在工具栏中选择"框选"工具，如图3-58所示。

在透视视图界面下，使用"框选"工具框选图3-59所示的区域。

在透视视图界面下，即可选中"圆柱"对象顶部的一圈点，如图3-60所示。

图3-58

图3-59

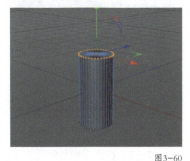

图3-60

**方法2：** 在透视视图界面下，在工具栏中选择"实时选择"工具，如图3-61所示。

在透视视图界面下，按住【Shift】键，使用"实时选择"工具选择图3-62所示的点。

**方法3：** 在透视视图界面下，在工具栏中选择"移动"工具，如图3-63所示。

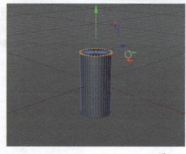

图3-61　　　　　　　　　　　　图3-62　　　　　　　　　　　　图3-63

在透视视图界面下，直接选择图3-64所示的1个点。

在透视视图界面下，按住【Shift】键，继续加选剩余的点，即可选中"圆柱"对象顶部的一圈点，如图3-65所示。

### 2. 圆柱的边处理方式

在左侧的编辑模式工具栏中，选择"边模式"，即可对"圆柱"对象的边进行单独编辑，如图3-66所示。

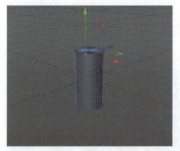

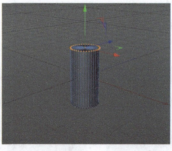

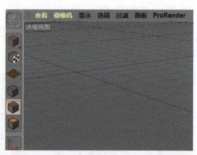

图3-64　　　　　　　　　　　　图3-65　　　　　　　　　　　　图3-66

**问题：如何选中"圆柱"对象侧面不相邻的边？**

**方法1：** 在透视视图界面下，在工具栏中选择"实时选择"工具，如图3-67所示。

在透视视图界面下，使用"实时选择"工具选择1条边，如图3-68所示。

在透视视图界面下，按住【Alt】键结合鼠标滑轮调整视图角度，然后按住【Shift】键，继续使用"实时选择"工具加选剩余的几条边，即可选中"圆柱"对象侧面不相邻的多条边，如图3-69所示。

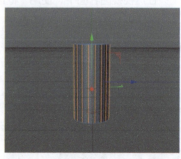

图3-67　　　　　　　　　　　　图3-68　　　　　　　　　　　　图3-69

**方法2：** 在透视视图界面下，在工具栏中选择"移动"工具，如图3-70所示。

在透视视图界面下，直接选择1条边，如图3-71所示。

在透视视图界面下，按住【Shift】键，继续加选剩余的几条边，即可选中"圆柱"对象侧面不相邻的多条边，如图3-72所示。

图3-70

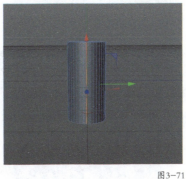
图3-71

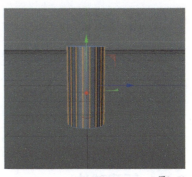
图3-72

### 3. 圆柱的面处理方式

在左侧的编辑模式工具栏中，选择"面模式"，即可对"圆柱"对象的面进行单独编辑，如图3-73所示。

**问题：如何选中"圆柱"对象侧面不相邻的面？**

**方法1：** 在透视视图界面下，在工具栏中选择"实时选择"工具，如图3-74所示。

在透视视图界面下，使用"实时选择"工具选择1个面，如图3-75所示。

在透视视图界面下，按住【Alt】键结合鼠标滑轮调整视图角度，然后按住【Shift】键，继续使用"实时选择"工具加选剩余的几个面，即可选中"圆柱"对象侧面不相邻的多个面，如图3-76所示。

图3-73

图3-74

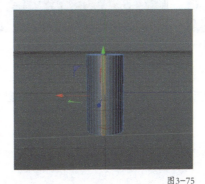
图3-75

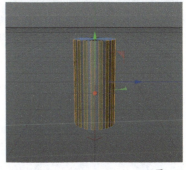
图3-76

**方法2：** 在透视视图界面下，在工具栏中选择"移动"工具，如图3-77所示。

在透视视图界面下，直接选择1个面，如图3-78所示。

在透视视图界面下，按住【Shift】键，继续加选剩余的几个面，即可选中"圆柱"对象侧面不相邻的多个面，如图3-79所示。

图3-77

图3-78

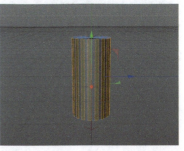
图3-79

# 3.3 球体

空间中到定点的距离等于定长的所有点组成的图形称为球体。球体是一个连续曲面的立体图形，由球面围成，如图3-80所示。球体既是常见的基础几何体，也是三维建模中常用的几何体之一。

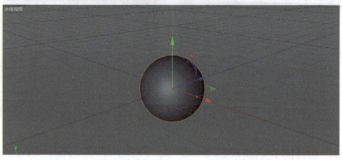

图3-80

## 3.3.1 新建球体

在默认的透视视图界面下，在上方的工具栏中，选择"参数化对象"中的"球体"对象，即可在场景中新建一个"球体"对象，如图3-81所示。

透视视图界面中的效果如图3-82所示。

图3-81

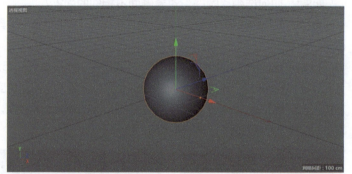

图3-82

## 3.3.2 调整球体

在场景中新建一个"球体"对象后，右下角会自动弹出"球体对象"窗口，且默认进入"对象"窗口，如图3-83所示。

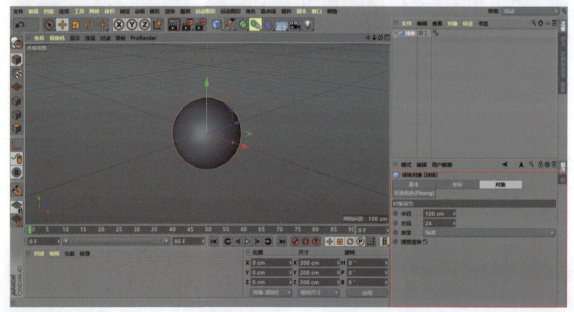

图3-83

**半径:** 对应"球体"对象的半径,通过调整对应的参数,可以改变"球体"对象的半径。CINEMA 4D默认的原始内部半径为"100 cm",如图3-84所示。

**分段:** 对应"球体"对象的分段数,用来控制"球体"对象的光滑程度。通过调整对应的参数,可以改变"球体"对象的光滑程度。CINEMA 4D默认的原始分段数为"24",如图3-84所示。

**类型:**"球体"对象共包含6种类型,分别为"标准""四面体""六面体""八面体""二十面体""半球体",如图3-85所示。

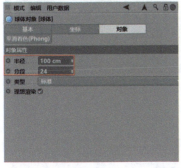

图3-84

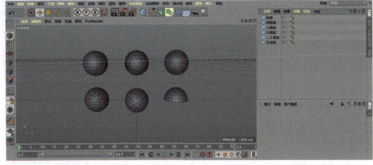

图3-85

### 3.3.3 移动球体

按【E】键切换到"移动"工具,按住鼠标左键,沿着红色箭头的方向,将"球体"对象向右拖曳,即可将"球体"对象向右移动任意距离,如图3-86所示。同理,逆着红色箭头的方向,将"球体"对象向左拖曳,即可将"球体"对象向左移动任意距离。

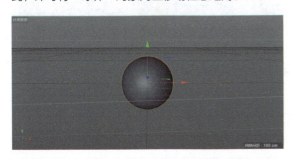

图3-86

按【E】键切换到"移动"工具,按住鼠标左键,沿着蓝色箭头的方向,将"球体"对象向后拖曳,即可将"球体"对象向后移动任意距离,如图3-87所示。同理,逆着蓝色箭头的方向,将"球体"对象向前拖曳,即可将"球体"对象向前移动任意距离。

图3-87

按【E】键切换到"移动"工具，按住鼠标左键，沿着绿色箭头的方向，将"球体"对象向上拖曳，即可将"球体"对象向上移动任意距离，如图3-88所示。同理，逆着绿色箭头的方向，将"球体"对象向下拖曳，即可将"球体"对象向下移动任意距离。

图3-88

### 3.3.4 旋转球体

按【R】键切换到"旋转"工具，按住鼠标左键，沿着红色圆环、绿色圆环、蓝色圆环的不同方向进行拖曳，可以旋转任意的角度。同时，也可以在下方的对象坐标窗口中，直接修改"H""P""B"的参数，并单击"应用"按钮进行旋转，如图3-89所示。

### 3.3.5 球体的点线面

#### 1. 球体的点处理方式

图3-89

在透视视图界面下，在左侧的编辑模式工具栏中，选择"转为可编辑对象"，将"球体"对象转化为可编辑对象，如图3-90所示。

在左侧的编辑模式工具栏中，选择"点模式"，即可对"球体"对象的点进行单独编辑，如图3-91所示。

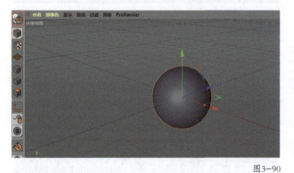

图3-90

图3-91

**问题：如何选中"球体"对象中间的一圈点？**

**方法1：**单击鼠标滑轮调出四视图，如图3-92所示。在右视图窗口或者正视图窗口上单击鼠标滑轮，进入右视图界面或者正视图界面（以下以正视图为例）。

在正视图窗口上单击鼠标滑轮，进入正视图界面，如图3-93所示。

在正视图界面下，在工具栏中选择"实时选择"工具，如图3-94所示。

在正视图界面下，使用"实时选择"工具，按住【Shift】键选中"球体"对象中间的一圈点，如图3-95所示。

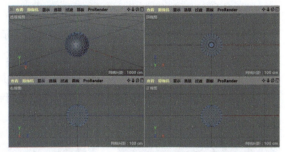

图3-92

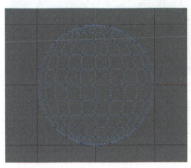

图3-93

图3-94

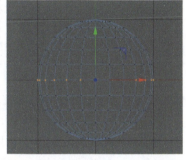

图3-95

💡 提示　注意取消勾选"实时选择"窗口中的"仅选择可见元素"，如图3-96所示。

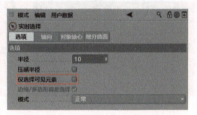

图3-96

**方法2：** 在正视图界面下，在工具栏中选择"框选"工具，如图3-97所示。

在正视图界面下，使用"框选"工具框选图3-98所示的区域。

在正视图界面下，即可选中"球体"对象中间的一圈点，如图3-99所示。

图3-97

图3-98

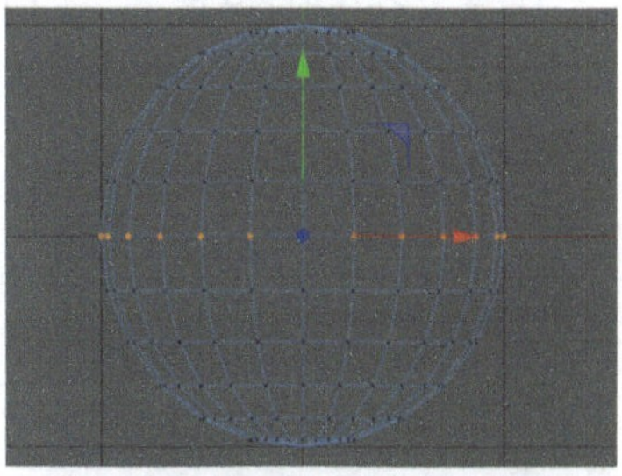

图3-99

💡 提示　注意取消勾选"框选"窗口中的"仅选择可见元素"，如图3-100所示。

图3-100

## 2. 球体的边处理方式

在左侧的编辑模式工具栏中，选择"边模式"，即可对"球体"对象的边进行单独编辑，如图3-101所示。

**问题：如何选中"球体"对象中间的一圈边？**

**方法1：** 在正视图界面下，在工具栏中选择"实时选择"工具，如图3-102所示。

在正视图界面下，使用"实时选择"工具，按住【Shift】键选中"球体"对象中间的一圈边，如图3-103所示。

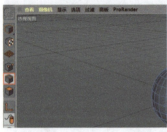

图3-101　　　　　　　　　　　　图3-102　　　　　　　　　　　　图3-103

**方法2：** 在正视图界面下，在工具栏中选择"框选"工具，如图3-104所示。

在正视图界面下，使用"框选"工具框选图3-105所示的区域。

在正视图界面下，即可选中"球体"对象中间的一圈边，如图3-106所示。

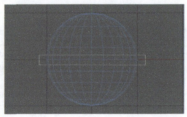

图3-104　　　　　　　　　　　　图3-105　　　　　　　　　　　　图3-106

## 3. 球体的面处理方式

在左侧的编辑模式工具栏中，选择"面模式"，即可对"球体"对象的面进行单独编辑，如图3-107所示。

**问题：如何选中"球体"对象中间的两圈面？**

**方法1：** 在正视图界面下，在工具栏中选择"实时选择"工具，如图3-108所示。

在正视图界面下，使用"实时选择"工具，按住【Shift】键选中"球体"对象中间的两圈面，如图3-109所示。

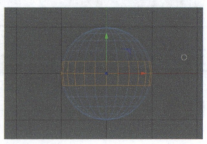

图3-107　　　　　　　　　　　　图3-108　　　　　　　　　　　　图3-109

**方法2：** 在正视图界面下，在工具栏中选择"框选"工具，如图3-110所示。

在正视图界面下，使用"框选"工具框选图3-111所示的区域。

在正视图界面下，即可选中"球体"对象中间的两圈面，如图3-112所示。

图3-110

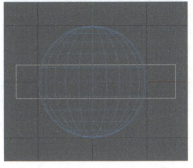
图3-111

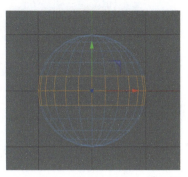
图3-112

# 3.4 课堂练习：常用几何体练习

本节主要根据前面学习的立方体、圆柱和球体这3种几何体的新建、调整、移动、旋转等基础操作，举一反三，对CINEMA 4D中常见的圆盘、管道、胶囊和圆环等几何体进行基本操作练习。

## 3.4.1 圆盘

圆盘是一个圆形平面，转化为可编辑对象后，可以单独对其点线面进行编辑，如图3-113所示。圆盘既是常见的基础几何体，也是三维建模中常用的几何体之一。

本练习要求如下。

- 新建圆盘
- 调整圆盘
- 移动圆盘
- 旋转圆盘
- 处理圆盘的点线面

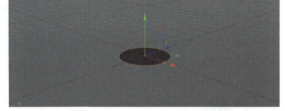
图3-113

打开"每日设计"App，搜索"SP010301"，或在本书页面的"配套视频"栏目，可以观看圆盘基本操作练习的讲解视频。

在"每日设计"App本书页面的"训练营"栏目可找到本课堂练习，将作品封装为1080像素×790像素的JPG文件进行提交，即可获得专业点评。一起在练习中进步吧！

## 3.4.2 管道

管道是一个中间镂空的圆柱体，转化为可编辑对象后，可以单独对其点线面进行编辑，如图3-114所示。管道既是常见的基础几何体，也是三维建模中常用的几何体之一。

本练习要求如下。

- 新建管道
- 调整管道

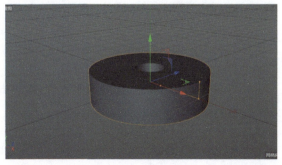
图3-114

- 移动管道
- 旋转管道
- 处理管道的点线面

 打开"每日设计"App，搜索"SP010302"，或在本书页面的"配套视频"栏目，可以观看管道基本操作练习的讲解视频。

 在"每日设计"App本书页面的"训练营"栏目可找到本课堂练习，将作品封装为1080像素×790像素的JPG文件进行提交，即可获得专业点评。一起在练习中进步吧！

### 3.4.3 胶囊

胶囊是一种圆滑的圆柱体，转化为可编辑对象后，可以单独对其点线面进行编辑，如图3-115所示。胶囊既是常见的基础几何体，也是三维建模中常用的几何体之一。

本练习要求如下。

- 新建胶囊
- 调整胶囊
- 移动胶囊
- 旋转胶囊
- 处理胶囊的点线面

图3-115

 打开"每日设计"App，搜索"SP010303"，或在本书页面的"配套视频"栏目，可以观看胶囊基本操作练习的讲解视频。

 在"每日设计"App本书页面的"训练营"栏目可找到本课堂练习，将作品封装为1080像素×790像素的JPG文件进行提交，即可获得专业点评。一起在练习中进步吧！

### 3.4.4 圆环

圆环是一种圆滑的管道，转化为可编辑对象后，可以单独对其点线面进行编辑，如图3-116所示。圆环既是常见的基础几何体，也是三维建模中常用的几何体之一。

本练习要求如下。

- 新建圆环
- 调整圆环
- 移动圆环
- 旋转圆环
- 处理圆环的点线面

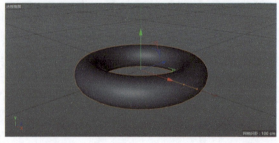

图3-116

 打开"每日设计"App，搜索"SP010304"，或在本书页面的"配套视频"栏目，可以观看圆环基本操作练习的讲解视频。

 在"每日设计"App本书页面的"训练营"栏目可找到本课堂练习，将作品封装为1080像素×790像素的JPG文件进行提交，即可获得专业点评。一起在练习中进步吧！

# 第 4 章

# CINEMA 4D案例实训（初级）

通过第3章对3种基础几何体的学习及对应的点线面练习，读者已经掌握了如何对3种基础几何体进行移动、调整、旋转等基本操作，并且具备了编辑几何体点线面的能力。本章将通过大量的初级案例，对3种基础几何体进行组合运用，同时在案例中加入变形工具组和造型工具组中的效果器，丰富模型的变化。通过本章的学习，读者可以掌握基础三维模型的创建、材质及材质的参数调整、场景及灯光的搭建，直至渲染出效果图。

 每日设计

# 4.1 棒棒糖——球体、圆柱、棋盘

本节讲解棒棒糖模型的制作方法。棒棒糖是一种深受大家喜爱的糖果，最初是一颗硬糖插在一根小棒上，后来有了更好吃、好玩的品种。不仅小孩子深爱棒棒糖，一些童心未泯的成年人也喜欢。因此，棒棒糖成为电商平面设计中常见的元素之一，多作为辅助元素出现，用于点缀和填充画面。在CINEMA 4D中，棒棒糖模型的制作方法非常简单，只需要使用球体和圆柱这两个几何体便可制作完成。

### 学习目标

通过本节的学习，读者将掌握棒棒糖模型的制作方法及糖果质感的渲染方法。

### 主要知识点

球体、圆柱、棋盘

## 4.1.1 糖果的建模

**01** 打开CINEMA 4D，进入默认的透视视图界面。在透视视图界面下，在上方的工具栏中，选择"参数化对象"中的"球体"对象，如图4-1所示。

**02** 透视视图界面中的效果如图4-2所示。

图4-1

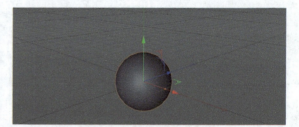
图4-2

## 4.1.2 糖果棒的建模

**01** 在透视视图界面下，在上方的工具栏中，选择"参数化对象"中的"圆柱"对象，如图4-3所示。

**02** 透视视图界面中的效果如图4-4所示。

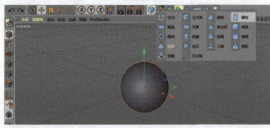
图4-3

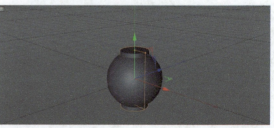
图4-4

**03** 在右下角的"圆柱对象"窗口中，选择"对象"窗口，如图4-5所示。

**04** 在"对象"窗口中，将"半径"修改为"10 cm"，将"高度"修改为"300 cm"，如图4-6所示。

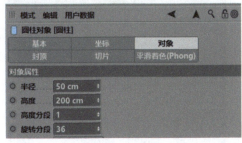

图4-5

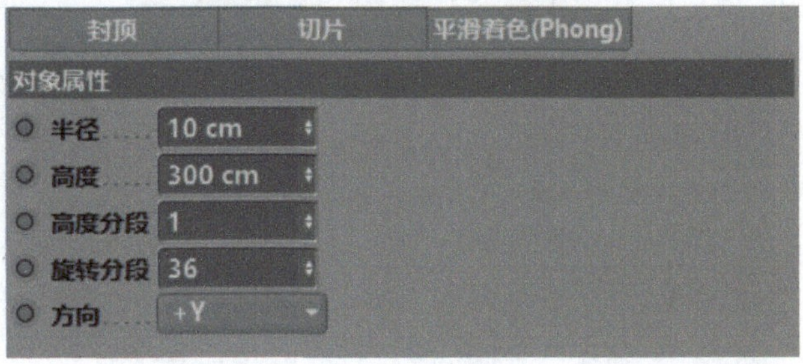

图4-6

**05** 单击鼠标滑轮调出四视图，如图4-7所示。在正视图窗口上单击鼠标滑轮，进入正视图界面。

**06** 在正视图界面下，按住鼠标左键，逆着绿色箭头的方向，将"圆柱"对象向下拖曳一定的距离，如图4-8所示。

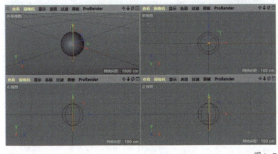

图4-7

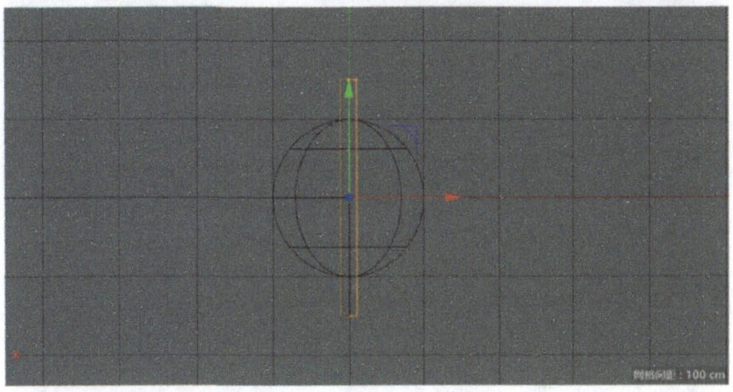

图4-8

**07** 单击鼠标滑轮调出四视图，如图4-9所示。在透视视图窗口上单击鼠标滑轮，进入透视视图界面。

**08** 透视视图界面中的效果如图4-10所示。

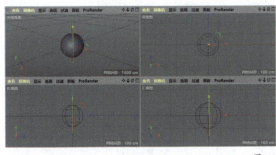

图4-9

图4-10

### 4.1.3 棒棒糖的渲染

**01** 在材质窗口中，在空白处双击新建一个"材质"，如图4-11所示。

**02** 双击"材质"，进入材质编辑器。进入"颜色"通道，选择"纹理-表面-棋盘"，如图4-12所示。

**03** 在材质编辑器的"颜色"通道中，单击棋盘格进入"着色器"，如图4-13所示。

**04** 在"着色器"中修改"颜色2"的参数。在"颜色拾取器"中，将"H"修改为"300°"，将"S"修改为"75%"，将"V"修改为"100%"，并单击"确定"按钮。在"着色器属性"中，将"U频率"修改为"0"，并将"V频率"修改为"4"，如图4-14所示。

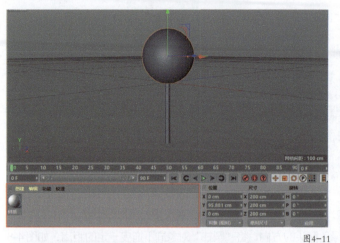

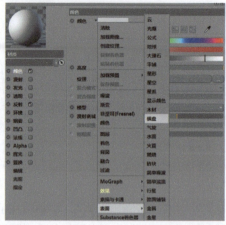

图4-11　　　　　　　　　　　　　　　　　　　　　图4-12

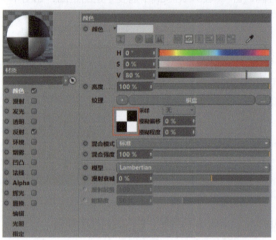

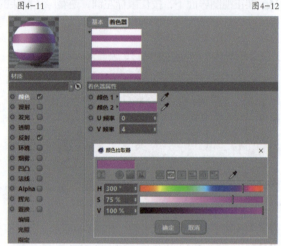

图4-13　　　　　　　　　　　　　　　　　　　　　图4-14

**05** 在"反射"通道中，单击"添加"按钮，在弹出的下拉菜单中选择"GGX"，如图4-15所示。

**06** 在"反射"通道中，将"层1"中的"粗糙度"修改为"10%"，将"层颜色"中的"亮度"修改为"20%"，如图4-16所示。

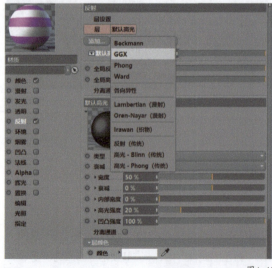

图4-15　　　　　　　　　　　　　　　　　　　　　图4-16

**07** 在材质窗口中，将"材质"重命名为"糖果"，如图4-17所示。

**08** 将材质"糖果"赋予"球体"图层，如图4-18所示。

**09** 在材质窗口中，在空白处双击新建一个"材质"，如图4-19所示。

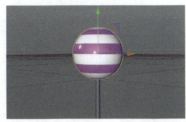

图4-17　　　　　　　　　　　　　　图4-18　　　　　　　　　　　　　　图4-19

**10** 双击"材质"，进入材质编辑器。在"反射"通道中，同样执行05、06步操作，"层1"参数如图4-20所示。

**11** 在材质窗口中，将"材质"重命名为"糖果棒"，如图4-21所示。

**12** 将材质"糖果棒"赋予"圆柱"图层，如图4-22所示。

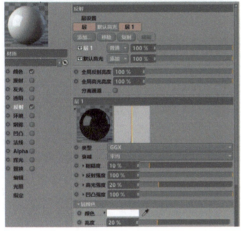

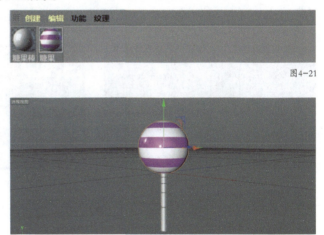

图4-20　　　　　　　　　　　　　　　　　　　　　　　　　　图4-22

图4-21

**13** 在材质窗口中，将"糖果"重命名为"糖果1"，然后按【Ctrl+C】组合键复制一份，按两次【Ctrl+V】组合键在原位粘贴两份，同时将这两种材质分别重命名为"糖果2""糖果3"并适当调整位置，如图4-23所示。

**14** 同时选中"圆柱"对象和"球体"对象，按【Alt+G】组合键编组，并重命名为"糖果1"，然后按【Ctrl+C】组合键复制一份，按两次【Ctrl+V】组合键在原位粘贴两份，同时将这两个组分别重命名为"糖果2""糖果3"，替换"球体"图层的材质，制作不同颜色的棒棒糖，如图4-24所示。

**15** 透视视图界面中的效果如图4-25所示。

图4-23

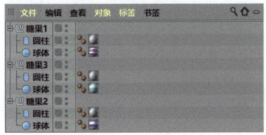

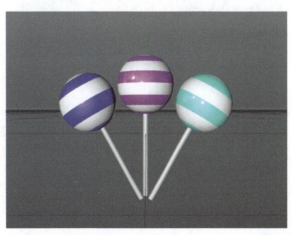

图4-24　　　　　　　　　　　　　　　　　　　　　　　图4-25

**16** 单击鼠标滑轮调出四视图，在右视图窗口上单击鼠标滑轮，进入右视图界面，如图4-26所示。

**17** 在工具栏中，选择"曲线工具组"中的"画笔"工具，如图4-27所示。

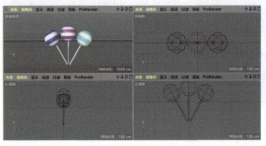

图4-26

图4-27

**18** 在右视图界面下，使用"画笔"工具绘制图4-28所示的线段。

**19** 在工具栏中，选择"NURBS"中的"挤压"，如图4-29所示。

图4-28

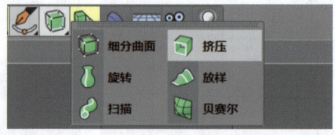

图4-29

**20** 在对象窗口中，将"样条"拖曳至"挤压"内，使其成为"挤压"的子集，并将"挤压"重命名为"背景"，如图4-30所示。

**21** 在"背景"窗口中，选择"对象"，将"移动"中"X"的数值修改为"10000 cm"，如图4-31所示。

图4-30

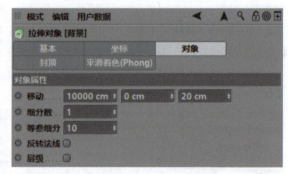

图4-31

**22** 单击鼠标滑轮调出四视图，在透视视图窗口上单击鼠标滑轮，进入透视视图界面，如图4-32所示。

**23** 在材质窗口中，在空白处双击新建一个"材质"，如图4-33所示。

**24** 双击"材质"，进入材质编辑器。进入"颜色"通道，将"H"修改为"175°"，将"S"修改为"44%"，将"V"修改为"95%"，如图4-34所示。

**25** 在材质窗口中，将"材质"重命名为"背景"，如图4-35所示。

**26** 将材质"背景"赋予"背景"对象，如图4-36所示。

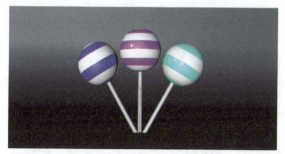

图4-32

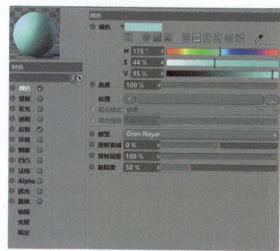

图4-34

图4-33

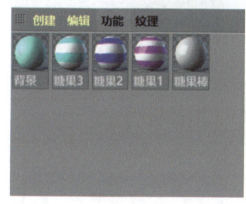

图4-35

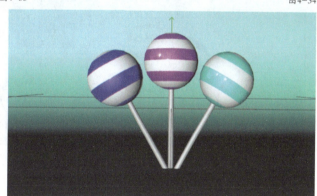

图4-36

**27** 在透视视图界面下，在上方的工具栏中，选择"场景设定"中的"天空"，如图4-37所示。

**28** 在材质窗口中，在空白处双击新建一个"材质"，如图4-38所示。

**29** 双击"材质"，进入材质编辑器。进入"颜色"通道，将"H"修改为"175°"，将"S"修改为"0%"，将"V"修改为"90%"，如图4-39所示。

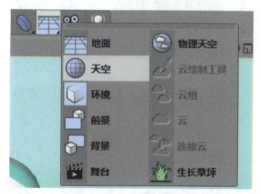

图4-37

图4-38

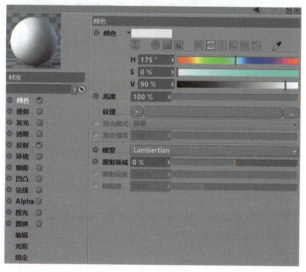

图4-39

**30** 在材质窗口中，将"材质"重命名为"天空"，如图4-40所示。

**31** 将材质"天空"赋予"天空"图层，如图4-4l所示。

图4-40

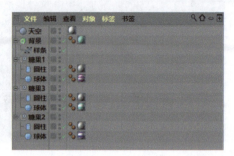

图4-41

**32** 在工具栏中，选择"场景设定"中的"物理天空"，如图4-42所示。

**33** 在"物理天空"窗口中，选择"太阳"，将"强度"修改为"40%"，如图4-43所示。

图4-42

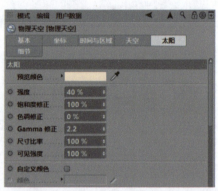

图4-43

**34** 在对象窗口中，选择"物理天空"，单击鼠标右键，在弹出的快捷菜单中选择"CINEMA 4D标签"中的"合成"，如图4-44所示。

**35** 在"合成"窗口中，勾选"标签属性"中的"合成背景"，如图4-45所示。

图4-44

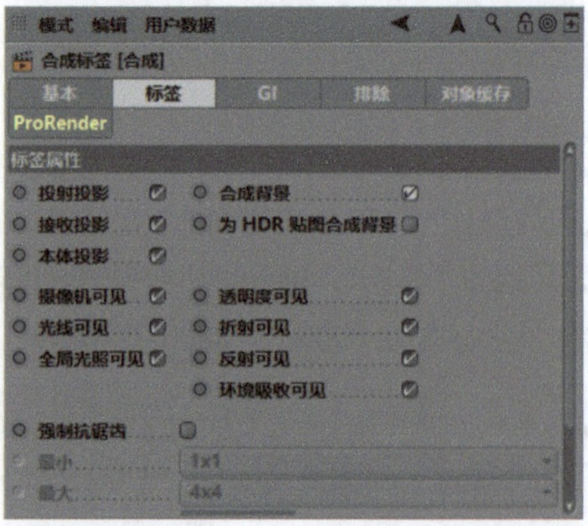

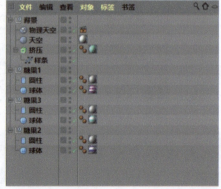

图4-45

**36** 在对象窗口中，同时选择"背景""天空""物理天空"，按【Alt+G】组合键进行编组，并重命名为"背景"，如图4-46所示。

**37** 在工具栏中选择"编辑渲染设置"，如图4-47所示。

**38** 在渲染设置中，勾选"多通道"，同时选择"效果"中的"全局光照"，如图4-48所示。

**39** 在"全局光照"中选择"辐照缓存"，并将"记录密度"修改为"高"，如图4-49所示。

**40** 在渲染设置中，勾选"多通道"，同时选择"效果"中的"环

图4-46

境吸收"，如图4-50所示。

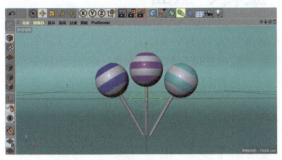

图4-47

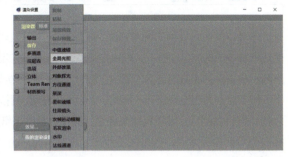

图4-48

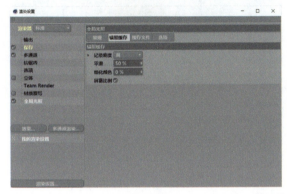

图4-49

图4-50

**41** 在"环境吸收"中选择"缓存"，并将"记录密度"修改为"高"，如图4-51所示。

**42** 在工具栏中选择"渲染到图片查看器"，如图4-52所示。

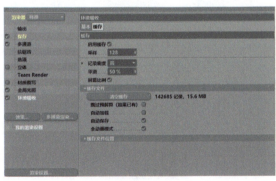

图4-51

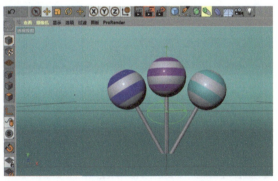

图4-52

**43** 渲染后的效果如图4-53所示。

本案例到此已全部完成。

🔗 **案例知识点一览** （1）参数化对象：球 体、圆柱

（2）材质：棋盘

图4-53

# 4.2 吸管——画笔、细分、旋转、扭曲

本节讲解吸管模型的制作方法。吸管是19世纪发明的，某地的人们喜欢喝冰凉的淡香酒，为了避免口中的热气影响酒的冰冻口感，人们决定喝酒时不用嘴直接饮用，而以中空的天然麦秆来吸饮，可是天然麦秆容易折断，它本身的味道也会渗入酒中。当时，有一名烟卷制造商从烟卷中得到灵感，制造了一根纸吸管，试饮之下，既不会断裂也没有怪味。从此，人们不只在喝淡香酒时使用纸吸管，喝其他冰凉的饮料时，也喜欢使用纸吸管。塑料发明后，因塑料的柔韧性、美观性都胜于纸张，纸吸管便被五颜六色的塑料吸管取代了。不论是在电商平面设计方面，还是在工业产品设计方面，吸管都是常见的元素之一。在CINEMA 4D中，吸管模型的制作方法非常简单，只需要使用画笔勾勒及倒角、扭曲等功能便可制作完成。

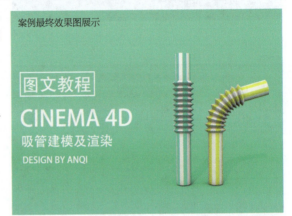

### 学习目标

通过本节的学习，读者将掌握吸管模型的制作方法及塑料质感的渲染方法。

### 主要知识点

画笔、细分、扭曲

## 4.2.1 吸管的建模

**01** 打开CINEMA 4D，进入默认的透视视图界面。在透视视图界面下，单击鼠标滑轮调出四视图，如图4-54所示。在正视图窗口上单击鼠标滑轮，进入正视图界面。

**02** 在正视图界面下，在上方的工具栏中，选择"曲线工具组"中的"画笔"工具，如图4-55所示。

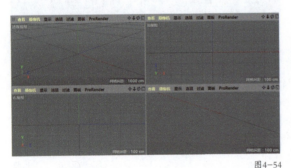

图4-54

图4-55

**03** 在正视图界面下，使用"画笔"工具，由上到下绘制一条直线，效果如图4-56所示。

**04** 在正视图界面下，在工具栏中选择"框选"工具，如图4-57所示。

**05** 在正视图界面下，使用"框选"工具框选图4-58所示的区域。

**06** 在正视图界面下，选择图4-59所示的点，同时在对象坐标窗口中将"X"轴的数值归零，然后单击"应用"按钮。

**07** 在右下角的"样条"窗口中，选择"对象"，将"类型"中的"贝塞尔（Bezier）"修改为"线性"，如图4-60所示。

**08** 在正视图界面下，在空白处单击鼠标右键，在弹出的快捷菜单中选择"细分"后面的"设置"按钮，

如图4-61所示。

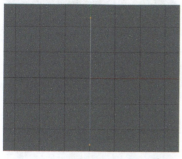

图4-56

图4-57

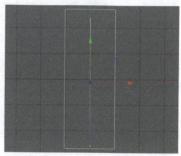

图4-58

图4-59

图4-60

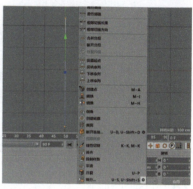

图4-61

**09** 在弹出的"细分"对话框中，将"细分数"修改为"40"，并单击"确定"按钮，如图4-62所示。

**10** 在正视图界面下，在工具栏中选择"实时选择"工具，如图4-63所示。

**11** 在正视图界面下，使用"实时选择"工具选择图4-64所示的点。

图4-62

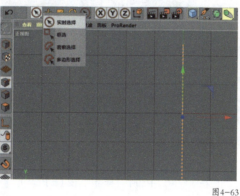

图4-63

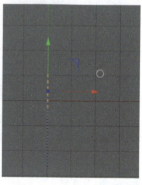

图4-64

💡 **提示** 在使用"实时选择"工具时，应注意隔一个点选一个点。

**12** 在正视图界面下，按住鼠标左键，沿着红色箭头的方向，将选中的点向右拖曳一定的距离，然后在工具栏中选择"框选"工具，如图4-65所示。

**13** 在正视图界面下，使用"框选"工具框选图4-66所示的区域。

**14** 在正视图界面下，在空白处单击鼠标右键，在弹出的快捷菜单中选择"倒角"，如图4-67所示。

**15** 在右下角的"倒角"窗口中，将"半径"修改为"1.2 cm"，如图4-68所示。

**16** 在正视图界面下，在工具栏中选择"NURBS"中的"旋转"，新建一个"旋转"，如图4-69所示。

**17** 在对象窗口中，将"样条"拖曳至"旋转"内，使其成为"旋转"的子集，如图4-70所示。

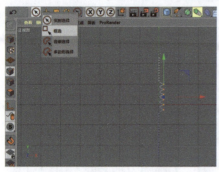

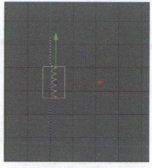

图4-65　　　　　　　　　　　图4-66　　　　　　　　　　　图4-67

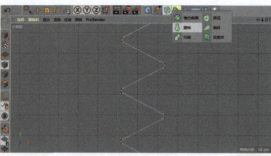

图4-68　　　　　　　　　　　图4-69　　　　　　　　　　　图4-70

**18** 在正视图界面下，单击鼠标滑轮调出四视图，如图4-71所示。在透视视图窗口上单击鼠标滑轮，进入透视视图界面。

**19** 在透视视图界面下，在工具栏中选择"变形工具组"中的"扭曲"，如图4-72所示。

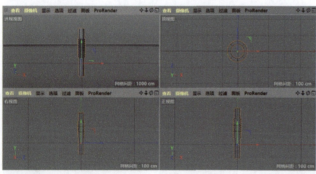

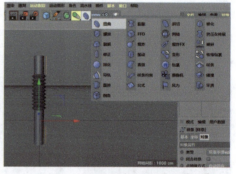

图4-71　　　　　　　　　　　　　　　　　图4-72

💡 **提示** 　如果吸管模型出现问题，可以在对象窗口中选中"样条"，按【E】键切换到"移动"工具，调整"样条"的位置，如图4-73所示。

图4-73

**20** 在工具栏中，选择"参数化对象"中的"空白"，如图4-74所示。

**21** 在对象窗口中，将"扭曲"和"旋转"一起拖曳至"空白"内，使它们成为"空白"的子集，然后选择

"扭曲"图层，如图4-75所示。

图4-74          图4-75

*22* 在透视视图界面下，按住鼠标左键，沿着绿色箭头的方向，将"扭曲"向上拖曳一定的距离，效果如图4-76所示。

*23* 在右下角的"扭曲"窗口中，选择"对象"，将"强度"修改为"75°"，同时勾选"保持纵轴长度"，如图4-77所示。

*24* 透视视图界面中的效果如图4-78所示。

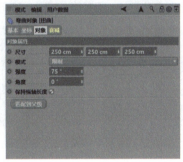

图4-76          图4-77          图4-78

## 4.2.2 吸管的渲染

*01* 在材质窗口中，在空白处双击新建一个"材质"，如图4-79所示。

*02* 双击"材质"，进入材质编辑器。进入"颜色"通道，选择"纹理-表面-棋盘"，如图4-80所示。

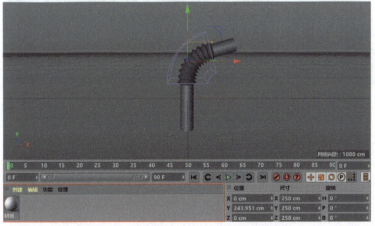

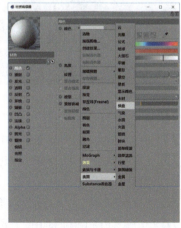

图4-79          图4-80

**03** 在材质编辑器的"颜色"通道中，单击棋盘格进入"着色器"，如图4-81所示。

**04** 在"着色器"中修改"颜色2"的参数。在"颜色拾取器"中，将"H"修改为"60°"，将"S"修改为"100%"，将"V"修改为"100%"，并单击"确定"按钮。在"着色器属性"中，将"U频率"修改为"0"，并将"V频率"修改为"6"，如图4-82所示。

**05** 在材质窗口中，将"材质"重命名为"材质1"，如图4-83所示。

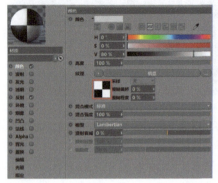 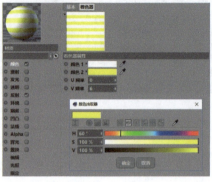 

图4-81 　　　　　　　　　　　　　　　图4-82 　　　　　　　　　　　　　　　图4-83

**06** 在透视视图界面下，将材质"材质1"赋予"吸管"图层，如图4-84所示。

**07** 复制一个"吸管"图层，替换材质，制作另外一根吸管，如图4-85所示。

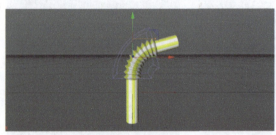 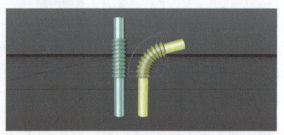

图4-84 　　　　　　　　　　　　　　　　　　　　　图4-85

**08** 单击鼠标滑轮调出四视图，如图4-86所示。在右视图窗口上单击鼠标滑轮，进入右视图界面。

**09** 在工具栏中，选择"曲线工具组"中的"画笔"工具，如图4-87所示。

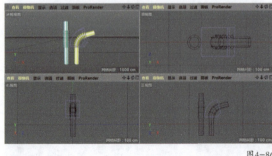 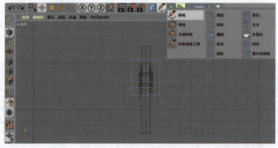

图4-86 　　　　　　　　　　　　　　　　　　　　　图4-87

**10** 在右视图界面下，使用"画笔"工具绘制图4-88所示的线段。

**11** 在工具栏中，选择"NURBS"中的"挤压"，如图4-89所示。

**12** 在对象窗口中，将"样条"拖曳至"挤压"内，使其成为"挤压"的子集，并将"挤压"重命名为"背景"，如图4-90所示。

**13** 在"背景"窗口中，选择"对象"，将"移动"中"X"的数值修改为"10000 cm"，如图4-91所示。

**14** 单击鼠标滑轮调出四视图，在透视视图窗口上单击鼠标滑轮，进入透视视图界面，如图4-92所示。

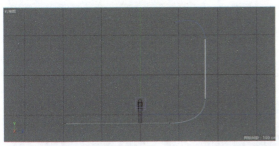

图4-88　　　　　　　　　　　　　　　　　　　图4-89

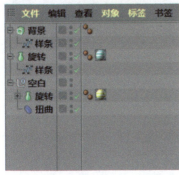
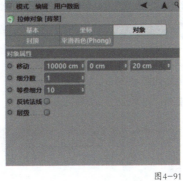

图4-90　　　　　　　　　　图4-91　　　　　　　　　　图4-92

**15** 在材质窗口中，在空白处双击新建一个"材质"，如图4-93所示。

**16** 双击"材质"，进入材质编辑器。进入"颜色"通道，将"H"修改为"168°"，将"S"修改为"70%"，将"V"修改为"100%"，如图4-94所示。

**17** 在材质窗口中，将"材质"重命名为"背景"，如图4-95所示。

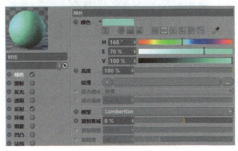

图4-93　　　　　　　　　　图4-94　　　　　　　　　　图4-95

**18** 将材质"背景"赋予"背景"图层，如图4-96所示。

**19** 在透视视图界面下，在上方的工具栏中，选择"场景设定"中的"天空"，如图4-97所示。

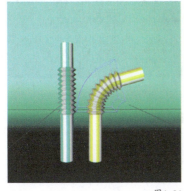
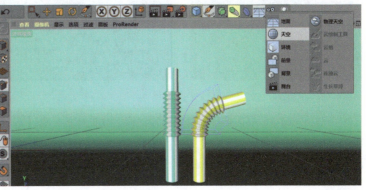

图4-96　　　　　　　　　　　　　　　　　　　图4-97

**20** 在材质窗口中，在空白处双击新建一个"材质"，如图4-98所示。

**21** 双击"材质"，进入材质编辑器。进入"颜色"通道，将"H"修改为"168°"，将"S"修改为"0%"，将"V"修改为"90%"，如图4-99所示。

**22** 在材质窗口中，将"材质"重命名为"天空"，如图4-100所示。

图4-98 　　　　　　　　　　　　　　　　　　图4-99 　　　　　　　　　　　　　　　　　　图4-100

**23** 将材质"天空"赋予"天空"图层，如图4-101所示。

**24** 在工具栏中，选择"场景设定"中的"物理天空"，如图4-102所示。

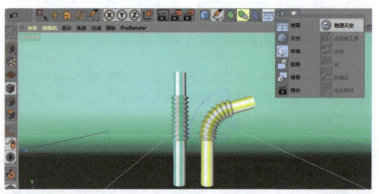

图4-101 　　　　　　　　　　　　　　　　　　　　　　　　　　　　　图4-102

**25** 在"物理天空"窗口中，选择"太阳"，将"强度"修改为"40%"，如图4-103所示。

**26** 在对象窗口中，选择"物理天空"，单击鼠标右键，在弹出的快捷菜单中选择"CINEMA 4D标签"中的"合成"，如图4-104所示。

**27** 在"合成"窗口中，勾选"标签属性"中的"合成背景"，如图4-105所示。

图4-103 　　　　　　　　　　　　　　　图4-104 　　　　　　　　　　　　　　　图4-105

**28** 在对象窗口中，同时选择"背景""天空""物理天空"，按【Alt+G】组合键进行编组，并重命名为"背景"，如图4-106所示。

**29** 在工具栏中选择"编辑渲染设置"，如图4-107所示。

图4-106                                                                图4-107

**30** 在渲染设置中，勾选"多通道"，同时选择"效果"中的"全局光照"，如图4-108所示。

**31** 在"全局光照"中选择"辐照缓存"，并将"记录密度"修改为"高"，如图4-109所示。

**32** 在渲染设置中，勾选"多通道"，同时选择"效果"中的"环境吸收"，如图4-110所示。

图4-108                            图4-109                            图4-110

**33** 在"环境吸收"中选择"缓存"，并将"记录密度"修改为"高"，如图4-111所示。

**34** 在工具栏中选择"渲染到图片查看器"，如图4-112所示。

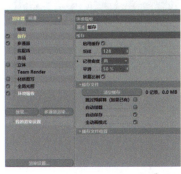

图4-111                                                                图4-112

**35** 渲染后的效果如图4-113所示。

本案例到此已全部完成。

🖉 **案例知识点一览**　（1）参数化对象：空白

（2）材质：棋盘

（3）变形工具组：扭曲

（4）NURBS：旋转

（5）曲线工具组：画笔

（6）对象和样条的编辑操作与选择：倒角、细分

图4-113

# 4.3 魔方——立方体、倒角、克隆、分裂、继承

本节讲解魔方模型的制作方法。魔方又称"鲁比克方块",厄尔诺·鲁比克为了帮助学生们认识空间立方体的组成和结构,制作了第一个魔方的雏形,其灵感来自于多瑙河中的沙砾。随着魔方种类的不断增多,竞技形式的逐步规范,在魔方爱好者中间诞生了竞速、单拧、盲拧等充满刺激性和挑战性的玩法。在三维设计中,魔方是常见的电商元素之一,既可是主体物,也可是辅助元素。在CINEMA 4D中,其制作方法非常简单,只需要使用立方体配合倒角、克隆、分裂、继承等功能便可制作完成。

### 学习目标

通过本节的学习,读者将掌握魔方模型的制作方法及克隆的使用方法。

### 主要知识点

立方体、倒角、克隆、分裂、继承

## 4.3.1 魔方的建模

**01** 打开CINEMA 4D,进入默认的透视视图界面。在透视视图界面下,在上方的工具栏中,选择"参数化对象"中的"立方体"对象,如图4-114所示。

**02** 在透视视图界面下,在左侧的编辑模式工具栏中,选择"转为可编辑对象"或按【C】键将其转化为可编辑对象,如图4-115所示。

图4-114

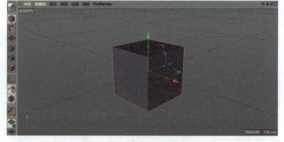

图4-115

**03** 在透视视图界面下,在左侧的编辑模式工具栏中,选择"边模式",按【Ctrl+A】组合键全选所有的边,如图4-116所示。

**04** 在透视视图界面下,在空白处单击鼠标右键,在弹出的快捷菜单中选择"倒角",如图4-117所示。

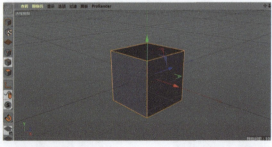

图4-116

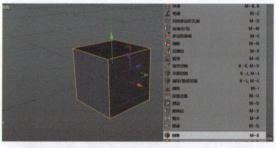

图4-117

*05* 在"倒角"窗口中，将"偏移"修改为"20 cm"，将"细分"修改为"5"，如图4-118所示。

*06* 透视视图界面中的效果如图4-119所示。

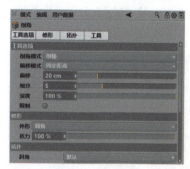

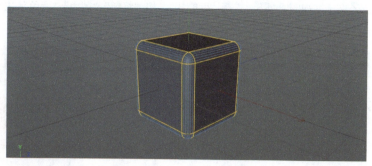

图4-118　　　　　　　　　　　　　　　　　　　　　　　　　　　图4-119

## 4.3.2 材质的创建

*01* 在材质窗口中，在空白处双击新建一个"材质"，如图4-120所示。

*02* 双击"材质"，进入材质编辑器。进入"反射"通道，单击"添加"按钮，在弹出的下拉菜单中选择"GGX"。在"层颜色"中，选择"纹理"中的"菲涅尔"。将"层1"的"不透明度"修改为"15%"，将"高光强度"修改为"0%"，如图4-121所示。

*03* 在材质窗口中，将"材质"重命名为"基础色"，如图4-122所示。

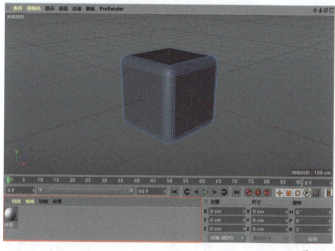

图4-121

图4-120　　　　　　　　　　　　　　　　　　　　　　　　　　　图4-122

*04* 在透视视图界面下，将材质"基础色"赋予"立方体"图层，如图4-123所示。

*05* 将素材"魔方颜色"置入，如图4-124所示。

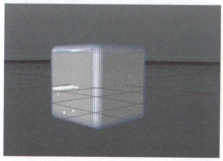

图4-123　　　　　　　　　　　　　　　　　　　　　　　　　　　图4-124

**06** 新建6个"材质",分别吸取素材"魔方颜色"中的红色、黄色、蓝色、橙色、白色、绿色,同时将6个"材质"分别重命名为"红色""黄色""蓝色""橙色""白色""绿色",如图4-125所示。

**07** 在透视视图界面下,选择"面模式",将"红色""黄色""蓝色""橙色""白色""绿色"分别赋予"立方体"对象不同的6个面,如图4-126所示。

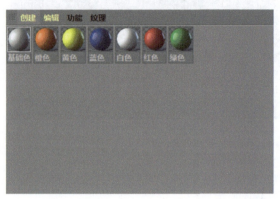

图4-125

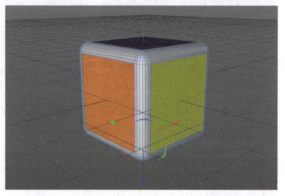

图4-126

### 4.3.3 魔方块的建模

**01** 在透视视图界面下,在主菜单栏中,选择"运动图形"中的"克隆",如图4-127所示。

**02** 在对象窗口中,将"立方体"拖曳至"克隆"内,使其成为"克隆"的子集,如图4-128所示。

**03** 在"克隆"窗口中,选择"对象",将"模式"修改为"网格排列",将"尺寸"统一修改为"405 cm",如图4-129所示。

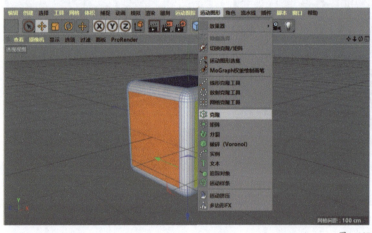

图4-127

图4-128

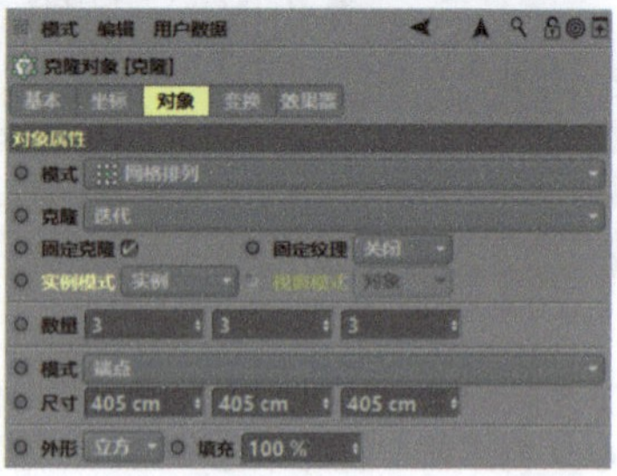

图4-129

**04** 透视视图界面中的效果如图4-130所示。

**05** 在透视视图界面下,在主菜单栏中,选择"运动图形"中的"分裂",如图4-131所示。

**06** 在对象窗口中,将"克隆"组拖曳至"分裂"内,使其成为"分裂"的子集,如图4-132所示。

**07** 在对象窗口中,选择"克隆",按【C】键将其转化为可编辑对象,如图4-133所示。

**08** 在透视视图界面下,在主菜单栏中,选择"运动图形"中的"效果器",在弹出的下拉菜单中选择"继承",如图4-134所示。

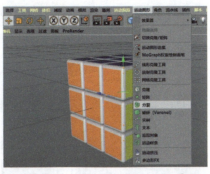

图4-130 图4-131 图4-132

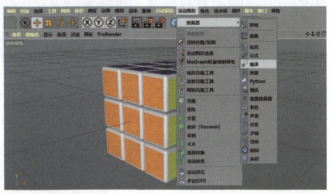

图4-133 图4-134

**09** 在"分裂"窗口中，选择"效果器"。在"效果器"中选择"继承"，如图4-135所示。

**10** 在透视视图界面下，在上方的工具栏中，选择"参数化对象"中的"空白"，如图4-136所示。

**11** 在"继承"窗口中，选择"效果器"。在"效果器"中，将"对象"修改为"空白"，如图4-137所示。

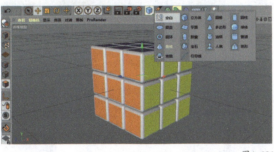

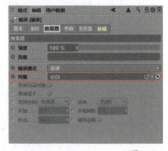

图4-135 图4-136 图4-137

**12** 在透视视图界面下，在对象窗口中，选择"分裂"。在主菜单栏中，选择"运动图形"中的"运动图形选集"，如图4-138所示。

**13** 在透视视图界面下，使用"实时选择"工具选择图4-139所示的点。

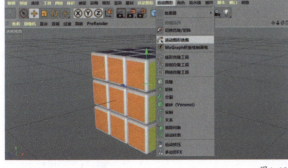

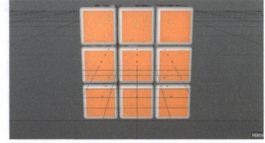

图4-138 图4-139

**14** 在对象窗口中，将所有"立方体"拖曳至"分裂"内，使其成为"分裂"的子集，同时选择"分裂"后面的"运动图形选集"标签，如图4-140所示。

**15** 在"继承"窗口中，选择"效果器"，将"运动图形选集"拖曳至"选集"中，如图4-141所示。

**16** 透视视图界面中的效果如图4-142所示。

图4-140

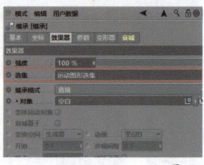
图4-141

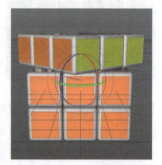
图4-142

**17** 使用同样的方法，使"魔方"剩下的3个面也可以旋转，如图4-143所示。

**18** 透视视图界面中的效果如图4-144所示。

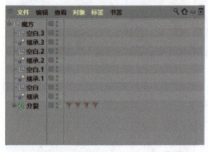
图4-143

图4-144

**19** 在右视图界面下，在上方的工具栏中，选择"曲线工具组"中的"画笔"工具，如图4-145所示。

**20** 在右视图界面下，使用"画笔"工具绘制图4-146所示的线段。

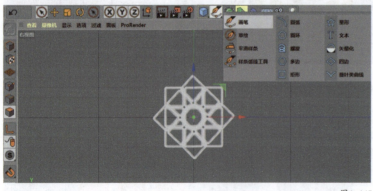
图4-145

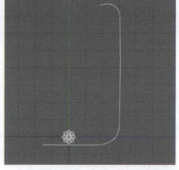
图4-146

**21** 在工具栏中，选择"NURBS"中的"挤压"，如图4-147所示。

**22** 在对象窗口中，将"样条"拖曳至"挤压"内，使其成为"挤压"的子集，并将"挤压"重命名为"背景"，如图4-148所示。

**23** 在"背景"窗口中，选择"对象"，将"移动"中"X"的数值修改为"10000 cm"，如图4-149所示。

**24** 单击鼠标滑轮调出四视图，在透视视图窗口上单击鼠标滑轮，进入透视视图界面，如图4-150所示。

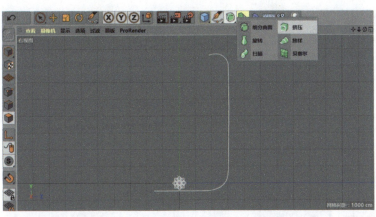

图4-147

图4-148

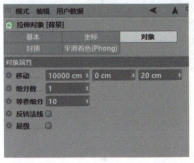

图4-149

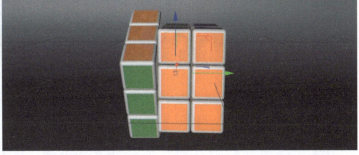

图4-150

### 4.3.4 魔方的渲染

*01* 在材质窗口中，在空白处双击新建一个"材质"，如图4-151所示。

*02* 双击"材质"，进入材质编辑器。进入"颜色"通道，将"H"修改为"146.104°"，将"S"修改为"0%"，将"V"修改为"100%"，如图4-152所示。

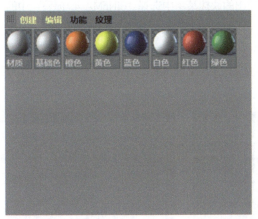

图4-151

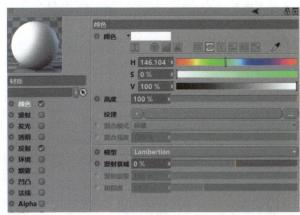

图4-152

*03* 在材质窗口中，将"材质"重命名为"背景"，如图4-153所示。

*04* 将材质"背景"赋予"背景"对象，如图4-154所示。

图4-153　　　　　　　　　　　　　　　　　　　　　图4-154

**05** 在透视视图界面下，在上方的工具栏中，选择"场景设定"中的"天空"，如图4-155所示。

**06** 将材质"背景"赋予"天空"图层，如图4-156所示。

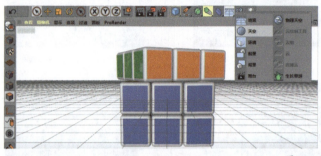

图4-155　　　　　　　　　　　　　　　　　　　　　图4-156

**07** 在工具栏中，选择"场景设定"中的"物理天空"，如图4-157所示。

**08** 在"物理天空"窗口中，选择"太阳"，将"强度"修改为"40%"，如图4-158所示。

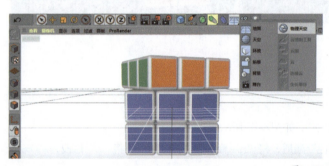

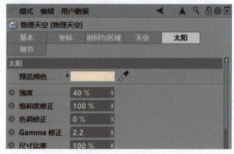

图4-157　　　　　　　　　　　　　　　　　　　　　图4-158

**09** 在对象窗口中，选择"物理天空"，单击鼠标右键，在弹出的快捷菜单中选择"CINEMA 4D标签"中的"合成"，如图4-159所示。

**10** 在"合成"窗口中，勾选"标签属性"中的"合成背景"，如图4-160所示。

**11** 在对象窗口中，同时选择"背景""天空""物理天空"，按【Alt+G】组合键进行编组，并重命名为"背景"，如图4-161所示。

图4-159　　　　　　　　　　图4-160　　　　　　　　　　图4-161

**12** 在工具栏中选择"编辑渲染设置"，如图4-162所示。

**13** 在渲染设置中，勾选"多通道"，同时选择"效果"中的"全局光照"，如图4-163所示。

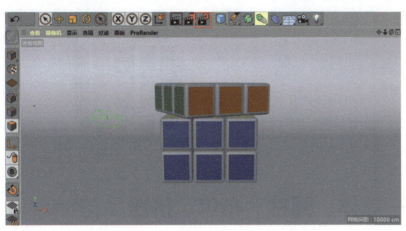

图4-162

图4-163

**14** 在"全局光照"中选择"辐照缓存"，并将"记录密度"修改为"高"，如图4-164所示。

**15** 在渲染设置中，勾选"多通道"，同时选择"效果"中的"环境吸收"，如图4-165所示。

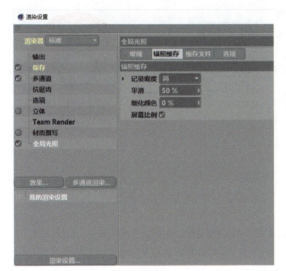

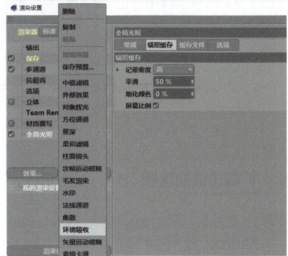

图4-164

图4-165

**16** 在"环境吸收"中选择"缓存"，并将"记录密度"修改为"高"，如图4-166所示。

**17** 在工具栏中选择"渲染到图片查看器"，如图4-167所示。

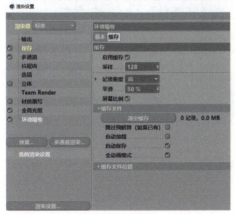

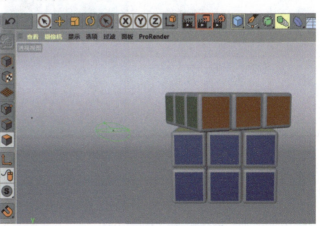

图4-166

图4-167

**18** 渲染后的效果如图4-168所示。

本案例到此已全部完成。

🔗 **案例知识点一览** （1）参数化对象：立方体
（2）运动图形：克隆、分裂、继承

图4-168

# 4.4 精灵球——球体、圆柱、布尔、挤压

本节讲解精灵球模型的制作方法。精灵球模型是比较基础的模型，多作为辅助元素出现，用于点缀和填充画面。在CINEMA 4D中，其制作方法非常简单，只需要使用球体和圆柱这两个几何体配合布尔、挤压等功能便可制作完成。

案例最终效果图展示

### 学习目标

通过本节的学习，读者将掌握精灵球模型的制作方法。

### 主要知识点

球体、圆柱、布尔、挤压

图文教程

CINEMA 4D
精灵球建模及渲染
DESIGN BY ANQI

## 4.4.1 精灵球的建模

**01** 打开CINEMA 4D，进入默认的透视视图界面。单击鼠标滑轮调出四视图，如图4-169所示。在正视图窗口上单击鼠标滑轮，进入正视图界面。

**02** 在正视图界面下，按【Shift+V】组合键调出"视窗"，选择"背景"，如图4-170所示。

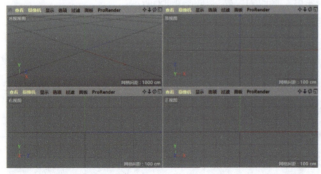

图4-169

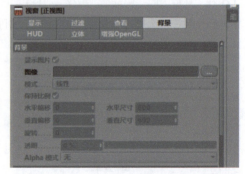

图4-170

**03** 在"背景"中，单击"图像"后面的加载按钮，选择"加载图像"，将素材"精灵球线稿"置入，同时将"透明"修改为"50%"，如图4-171所示。

**04** 正视图界面中的效果如图4-172所示。

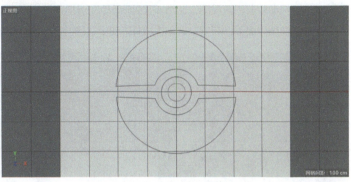

图4-171　　　　　　　　　　　　　　　　　　　　　　　　　　　图4-172

**05** 在正视图界面下，在上方的工具栏中，选择"参数化对象"中的"球体"对象，如图4-173所示。

**06** 在"球体"窗口中，选择"对象"，将"半径"修改为"208 cm"，将"分段"修改为"63"，如图4-174所示。

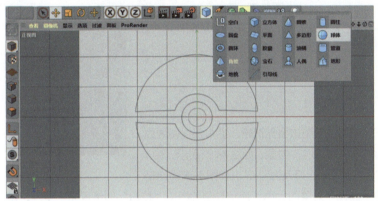

图4-173　　　　　　　　　　　　　　　　　　　　　　　　　　　图4-174

**07** 在左侧的编辑模式工具栏中，选择"转为可编辑对象"或按【C】键将"球体"对象转化为可编辑对象，如图4-175所示。

**08** 在左侧的编辑模式工具栏中，选择"面模式"，在上方的工具栏中，选择"框选"工具，如图4-176所示。

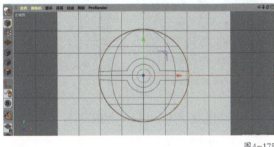

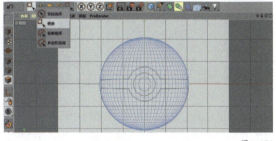

图4-175　　　　　　　　　　　　　　　　　　　　　　　　　　　图4-176

**09** 在正视图界面下，使用"框选"工具框选图4-177所示的区域。

**10** 正视图界面中的效果如图4-178所示。

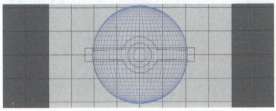

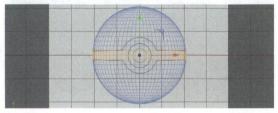

图4-177　　　　　　　　　　　　　　　　　　　　　　　　　　　图4-178

**11** 单击鼠标滑轮调出四视图，如图4-179所示。在透视视图窗口上单击鼠标滑轮，进入透视视图界面。

**12** 在透视视图界面下，在空白处单击鼠标右键，在弹出的快捷菜单中选择"挤压"，如图4-180所示。

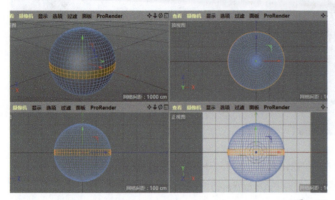
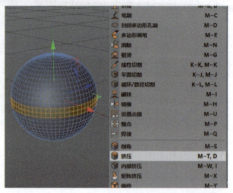

图4-179                 图4-180

**13** 在透视视图界面下，按住鼠标左键在空白处进行拖曳，将所选择的面向内挤压出一定的厚度，如图4-181所示。

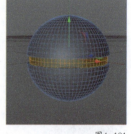

### 4.4.2 按钮的建模

**01** 单击鼠标滑轮调出四视图，在正视图窗口上单击鼠标滑轮，进入正视图界面。在上方的工具栏中，选择"参数化对象"中的"圆柱"对象，如图4-182所示。

**02** 在"圆柱"窗口中，选择"对象"，将"方向"修改为"+Z"，如图4-183所示。

**03** 在正视图界面下，按小黄点调整"圆柱"对象的大小，使其与参考图中"按钮"的位置完全重合，如图4-184所示。

图4-181

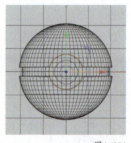

图4-182                 图4-183                 图4-184

**04** 单击鼠标滑轮调出四视图，如图4-185所示。在右视图窗口上单击鼠标滑轮，进入右视图界面。

**05** 在右视图界面下，按小黄点调整"圆柱"对象的大小，效果如图4-186所示。

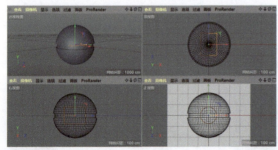
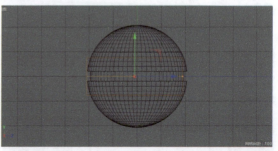

图4-185                 图4-186

**06** 在上方的工具栏中，选择"造型工具组"中的"布尔"，如图4-187所示。

**07** 在对象窗口中，将"球体"和"圆柱"拖曳至"布尔"内，使其成为"布尔"的子集，如图4-188所示。

**08** 透视视图界面中的效果如图4-189所示。

  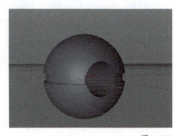

图4-187          图4-188          图4-189

**09** 在对象窗口中，将"布尔"重命名为"精灵球"，同时复制一个"圆柱"，并重命名为"按钮"，如图4-190所示。

**10** 在透视视图界面下，按【E】键切换到"移动"工具，调整"按钮"的位置，效果如图4-191所示。

**11** 单击鼠标滑轮调出四视图，在正视图窗口上单击鼠标滑轮，进入正视图界面。在左侧的编辑模式工具栏中，选择"边模式"，如图4-192所示。

 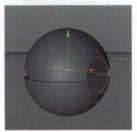 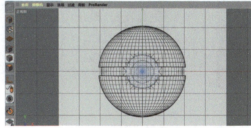

图4-190          图4-191          图4-192

**12** 在正视图界面下，按【K+L】组合键进行循环切割，在图4-193所示的位置上切割出一条线段，当出现白色描边时，单击。

**13** 正视图界面中的效果如图4-194所示。

**14** 在左侧的编辑模式工具栏中，选择"面模式"，在上方的工具栏中，选择"实时选择"工具，如图4-195所示。

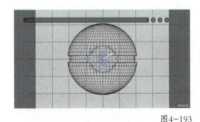 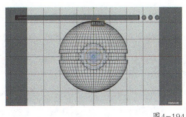 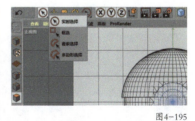

图4-193          图4-194          图4-195

**15** 在正视图界面下，使用"实时选择"工具选择图4-196所示的面。

**16** 单击鼠标滑轮调出四视图，在透视视图窗口上单击鼠标滑轮，进入透视视图界面。在透视视图界面下，按住鼠标左键，同时按住【Ctrl】键，沿着蓝色的箭头向外拖曳，将所选择的面向外拖曳出一定的厚度，如图4-197所示。

**17** 单击鼠标滑轮调出四视图，在正视图窗口上单击鼠标滑轮，进入正视图界面。在左侧的编辑模式工具栏中，选择"边模式"。在正视图界面下，按【K+L】组合键进行循环切割，在图4-198所示的位置上，切割出一条线段。

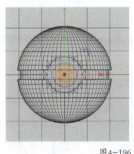
图4-196

图4-197

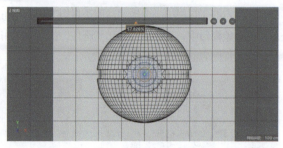
图4-198

**18** 在正视图界面下，在左侧的编辑模式工具栏中，选择"面模式"。在上方的工具栏中，选择"实时选择"工具。使用"实时选择"工具选择图4-199所示的面。

**19** 单击鼠标滑轮调出四视图，在透视视图窗口上单击鼠标滑轮，进入透视视图界面。在透视视图界面下，按住鼠标左键，同时按住【Ctrl】键，沿着蓝色的箭头向外拖曳，将所选择的面向外拖曳出一定的厚度，如图4-200所示。

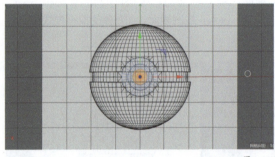
图4-199

图4-200

### 4.4.3 精灵球的渲染

**01** 在材质窗口中，在空白处双击新建一个"材质"，如图4-201所示。

**02** 双击"材质"，进入材质编辑器。进入"颜色"通道，将"H"修改为"0°"，将"S"修改为"100％"，将"V"修改为"100％"，如图4-202所示。

**03** 在材质编辑器中，进入"反射"通道，单击"添加"按钮，在弹出的下拉菜单中选择"GGX"，如图4-203所示。

图4-201

图4-202

图4-203

**04** 在"层1"中将"粗糙度"修改为"10％"，在"层颜色"中将"亮度"修改为"30％"，如图4-204所示。

**05** 在材质窗口中，将"材质"重命名为"红色"，如图4-205所示。

**06** 在上方的工具栏中，选择"框选"工具。在对象窗口中，选择"球体"。在透视视图界面下，使用"框选"

工具框选图4-206所示的面。

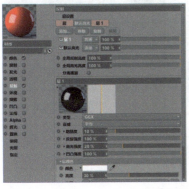

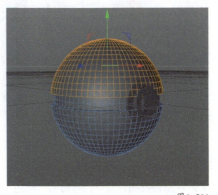

图4-204  图4-205  图4-206

**07** 在透视视图界面下，将材质"红色"赋予所选择的面，如图4-207所示。

**08** 在材质窗口中，复制一个材质"红色"，如图4-208所示。

**09** 双击材质"红色"，进入材质编辑器。进入"颜色"通道，将"H"修改为"0°"，将"S"修改为"0%"，将"V"修改为"100%"，如图4-209所示。

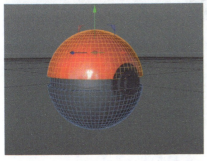

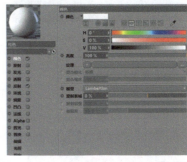

图4-207  图4-208  图4-209

**10** 在材质窗口中，将"红色"重命名为"白色"，如图4-210所示。

**11** 在上方的工具栏中，选择"框选"工具。在对象窗口中，选择"球体"。在透视视图界面下，使用"框选"工具框选图4-211所示的面。

**12** 在透视视图界面下，将材质"白色"赋予所选择的面，如图4-212所示。

图4-210  图4-211  图4-212

**13** 在材质窗口中，复制一个材质"白色"，如图4-213所示。

**14** 双击材质"白色"，进入材质编辑器。进入"颜色"通道，将"H"修改为"0°"，将"S"修改为"0%"，将"V"修改为"0%"，如图4-214所示。

**15** 在材质窗口中，将"白色"重命名为"黑色"，如图4-215所示。

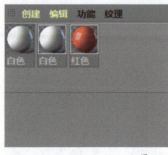
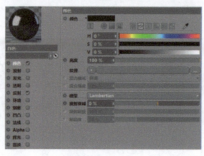
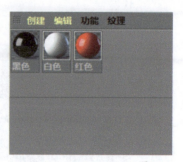

图4-213　　　　　　　　　　　　　　　图4-214　　　　　　　　　　　　　　　图4-215

**16** 在上方的工具栏中，选择"框选"工具。在对象窗口中，选择"球体"。在透视视图界面下，使用"框选"工具框选图4-216所示的面。

**17** 在透视视图界面下，将材质"黑色"赋予所选择的面，如图4-217所示。

**18** 在对象窗口中，将材质"黑色"赋予"按钮"图层，如图4-218所示。

图4-216　　　　　　　　　　　　　　　图4-217　　　　　　　　　　　　　　　图4-218

**19** 在上方的工具栏中，选择"框选"工具。在对象窗口中，选择"球体"。在透视视图界面下，使用"框选"工具框选图4-219所示的面。

**20** 在透视视图界面下，将材质"白色"赋予所选择的面，如图4-220所示。

**21** 在右视图界面下，在工具栏中，选择"曲线工具组"中的"画笔"工具，如图4-221所示。

图4-219　　　　　　　　　　　　　　　图4-220　　　　　　　　　　　　　　　图4-221

**22** 在右视图界面下，使用"画笔"工具绘制图4-222所示的线段。

**23** 在工具栏中，选择"NURBS"中的"挤压"，如图4-223所示。

**24** 在对象窗口中，将"样条"拖曳至"挤压"内，使其成为"挤压"的子集，并将"挤压"重命名为"背景"，同时选择"按钮"和"精灵球"，按【Alt+G】组合键进行编组，并重命名为"精灵球"，如图4-224所示。

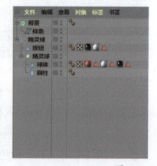

图4-222　　　　　　　　　　　　　　　图4-223　　　　　　　　　　　　　　　图4-224

**25** 在"背景"窗口中，选择"对象"，将"移动"中"X"的坐标数值修改为"10000 cm"，如图4-225所示。

**26** 单击鼠标滑轮调出四视图，在透视视图窗口上单击鼠标滑轮，进入透视视图界面，如图4-226所示。

**27** 在材质窗口中，在空白处双击新建一个"材质"，如图4-227所示。

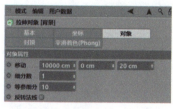

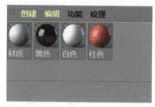

图4-225　　　　　　　　　　　　图4-226　　　　　　　　　　　　图4-227

**28** 双击"材质"，进入材质编辑器。进入"颜色"通道，将"H"修改为"0°"，将"S"修改为"0%"，将"V"修改为"100%"，如图4-228所示。

**29** 在材质窗口中，将"材质"重命名为"背景"，如图4-229所示。

**30** 将材质"背景"赋予"背景"对象，如图4-230所示。

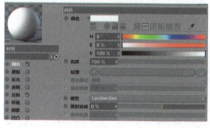

图4-228　　　　　　　　　　　　图4-229　　　　　　　　　　　　图4-230

**31** 在透视视图界面下，在工具栏中，选择"场景设定"中的"天空"，如图4-231所示。

**32** 将材质"背景"赋予"天空"图层，如图4-232所示。

**33** 在工具栏中，选择"场景设定"中的"物理天空"，如图4-233所示。

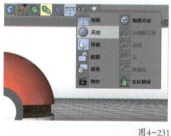

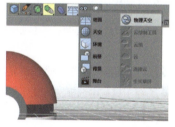

图4-231　　　　　　　　　　　　图4-232　　　　　　　　　　　　图4-233

**34** 在"物理天空"窗口中，选择"太阳"，将"强度"修改为"40%"，如图4-234所示。

**35** 在对象窗口中，选择"物理天空"，单击鼠标右键，在弹出的快捷菜单中选择"CINEMA 4D标签"中的"合成"，如图4-235所示。

**36** 在"合成"窗口中，勾选"标签属性"中的"合成背景"，如图4-236所示。

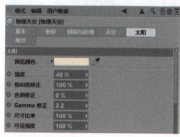

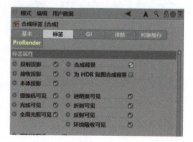

图4-234　　　　　　　　　　　　图4-235　　　　　　　　　　　　图4-236

**37** 在对象窗口中，同时选择"背景""天空""物理天空"，按【Alt+G】组合键进行编组，并重命名为"背景"，如图4-237所示。

**38** 在工具栏中选择"编辑渲染设置"，如图4-238所示。

**39** 在渲染设置中，勾选"多通道"，同时选择"效果"中的"全局光照"，如图4-239所示。

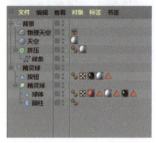
图4-237

图4-238

图4-239

**40** 在"全局光照"中选择"辐照缓存"，并将"记录密度"修改为"高"，如图4-240所示。

**41** 在渲染设置中，勾选"多通道"，同时选择"效果"中的"环境吸收"，如图4-24l所示。

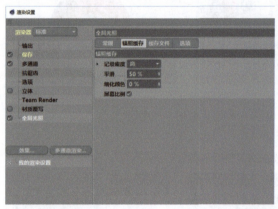
图4-240

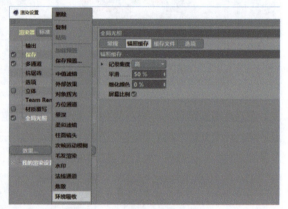
图4-241

**42** 在"环境吸收"中选择"缓存"，并将"记录密度"修改为"高"，如图4-242所示。

**43** 在工具栏中选择"渲染到图片查看器"，如图4-243所示。

图4-242

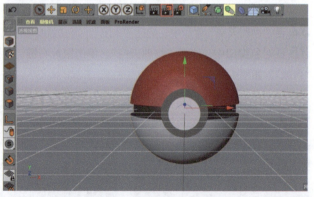
图4-243

**44** 渲染后的效果如图4-244所示。

本案例到此已全部完成。

图4-244

🔗 **案例知识点一览** （1）参数化对象：球体、圆柱
（2）NURBS：挤压
（3）造型工具组：布尔
（4）对象和样条的编辑操作与选择：挤压

# 4.5 奶酪——圆柱、球体、克隆、布尔

本节讲解奶酪模型的制作方法。奶酪是一种发酵的牛奶制品，有酸、甜、咸等口味，是制作三明治的原料之一。香甜可口的奶酪是很多人的最爱，辅以面包、麦片、蛋糕更是难得的美味。在三维设计中，奶酪模型是比较基础的模型，既可作为主体物出现，也可作为辅助元素出现。在CINEMA 4D中，其制作方法非常简单，只需要使用球体和圆柱这两个几何体配合克隆、布尔等功能便可制作完成。

案例最终效果图展示

### 学习目标

通过本节的学习，读者将掌握奶酪模型的制作方法及奶酪材质的渲染方法。

### 主要知识点

圆柱、球体、克隆、布尔

## 4.5.1 奶酪的建模

**01** 打开CINEMA 4D，进入默认的透视视图界面。在上方的工具栏中，选择"参数化对象"中的"圆柱"对象，如图4-245所示。

**02** 在"圆柱"窗口中，选择"对象"，将"半径"修改为"200 cm"，将"高度"修改为"150 cm"，如图4-246所示。

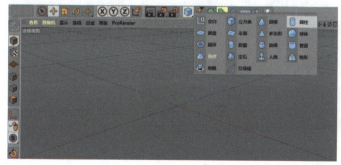

图4-245

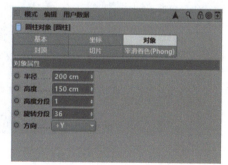

图4-246

**03** 在视图窗口菜单中，选择"显示"中的"光影着色（线条）"，如图4-247所示。

**04** 在"圆柱"窗口中，选择"封顶"，勾选"圆角"，将"分段"修改为"3"，将"半径"修改为"20 cm"，如图4-248所示。

*05* 透视视图界面中的效果如图4-249所示。

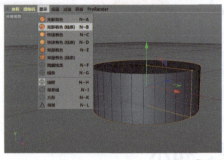 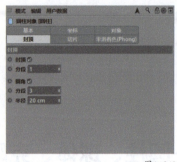 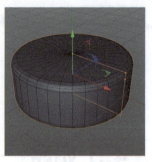

图4-247 图4-248 图4-249

*06* 在"圆柱"窗口中，选择"切片"，勾选"切片"，将"终点"修改为"60°"，如图4-250所示。

*07* 在左侧的编辑模式工具栏中，选择"转为可编辑对象"或按【C】键将"圆柱"对象转化为可编辑对象，如图4-251所示。

*08* 在左侧的编辑模式工具栏，选择"点模式"，按【Ctrl+A】组合键全选所有的点，如图4-252所示。

 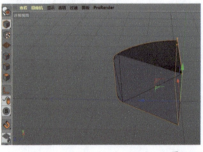 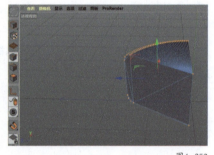

图4-250 图4-251 图4-252

*09* 在透视视图界面下，在空白处单击鼠标右键，在弹出的快捷菜单中选择"优化"，如图4-253所示。

*10* 在工具栏中，选择"变形工具组"中的"倒角"，如图4-254所示。

*11* 在对象窗口中，将"倒角"拖曳至"圆柱"内，使其成为"圆柱"的子集，如图4-255所示。

 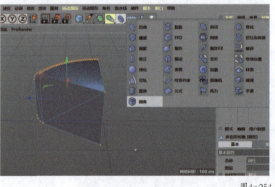 

图4-253 图4-254 图4-255

*12* 在"倒角"窗口中，将"偏移"修改为"0.35 cm"，如图4-256所示。

*13* 在工具栏中，选择"NURBS"中的"细分曲面"，如图4-257所示。

*14* 在对象窗口中，将"圆柱"拖曳至"细分曲面"内，使其成为"细分曲面"的子集，如图4-258所示。

*15* 透视视图界面中的效果如图4-259所示。

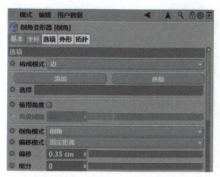

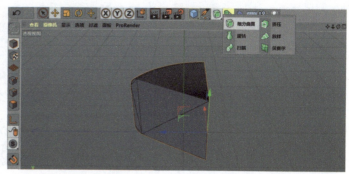

图4-256

图4-257

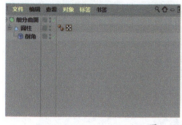

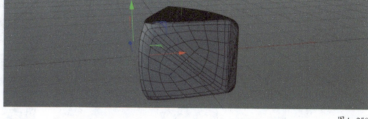

图4-258

图4-259

## 4.5.2 气孔的建模

*01* 在工具栏中，选择"参数化对象"中的"球体"对象，如图4-260所示。

*02* 在"球体"窗口中，选择"对象"，将"半径"修改为"15 cm"，将"分段"修改为"60"，如图4-261所示。

*03* 在主菜单栏中，选择"运动图形"中的"克隆"，如图4-262所示。

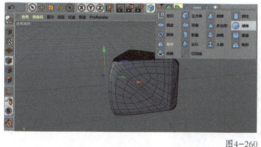

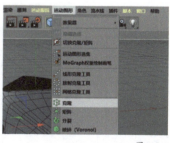

图4-260

图4-261

图4-262

*04* 在对象窗口中，将"球体"拖曳至"克隆"内，使其成为"克隆"的子集，如图4-263所示。

*05* 在"克隆"窗口中，选择"对象"。在"对象属性"中，将"模式"修改为"对象"，将"对象"修改为"细分曲面"，同时将"数量"修改为"25"，如图4-264所示。

*06* 在主菜单栏中，选择"运动图形"中的"效果器"，在弹出的下拉菜单中选择"随机"，如图4-265所示。

*07* 在对象窗口中，将"克隆"拖曳至"随机"内，使其成为"随机"的子集，如图4-266所示。

*08* 在"随机"窗口中，选择"参数"，勾选"缩放"，将"缩放"修改为"0.5"，同时勾选"等比缩放"，如图4-267所示。

*09* 在工具栏中，选择"造型工具组"中的"布尔"，如图4-268所示。

图4-263

图4-264

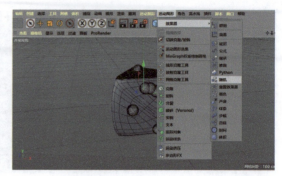
图4-265

图4-266

图4-267

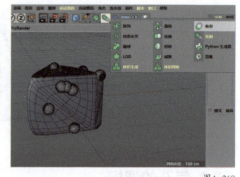
图4-268

**10** 在对象窗口中,将"随机"重命名为"气孔",将"细分曲面"重命名为"奶酪",然后将"气孔"和"奶酪"拖曳至"布尔"内,使其成为"布尔"的子集,如图4-269所示。

**11** 透视视图界面中的效果如图4-270所示。

**12** 在对象窗口中,选择"气孔"和"奶酪",在编辑模式工具栏中选择"转为可编辑对象"或按【C】键将"气孔"和"奶酪"转化为可编辑对象,然后按【Alt+G】组合键进行编组,并重命名为"奶酪",如图4-271所示。

图4-269

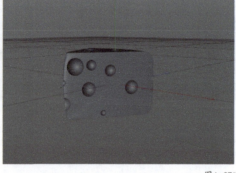
图4-270

图4-271

## 4.5.3 奶酪的渲染

**01** 在材质窗口中,在空白处双击新建一个"材质",如图4-272所示。

**02** 双击"材质",进入材质编辑器。进入"颜色"通道,将"H"修改为"41°",将"S"修改为"69%",将"V"修改为"94%",如图4-273所示。

**03** 在材质窗口中，将"材质"重命名为"奶酪"，如图4-274所示。

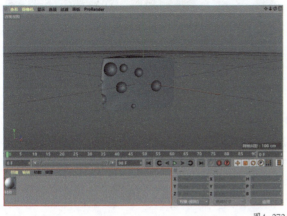

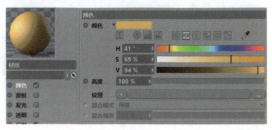

图4-273

图4-272

图4-274

**04** 在透视视图界面下，将材质"奶酪"赋予"奶酪"图层，如图4-275所示。

**05** 在材质窗口中，在空白处双击新建一个"材质"，如图4-276所示。

**06** 双击"材质"，进入材质编辑器。进入"颜色"通道，将"H"修改为"36°"，将"S"修改为"84%"，将"V"修改为"90%"，如图4-277所示。

图4-275

图4-276

图4-277

**07** 在材质窗口中，将"材质"重命名为"气孔"，如图4-278所示。

**08** 在透视视图界面下，将材质"气孔"赋予"气孔"图层，如图4-279所示。

**09** 单击鼠标滑轮调出四视图，如图4-280所示，在右视图窗口上单击鼠标滑轮，进入右视图界面。

图4-278

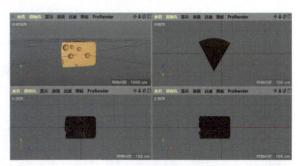

图4-279

图4-280

**10** 在右视图界面下，在工具栏中，选择"曲线工具组"中的"画笔"工具，如图4-281所示。

**11** 在右视图界面下，使用"画笔"工具绘制图4-282所示的线段。

图4-281

图4-282

**12** 在工具栏中，选择"NURBS"中的"挤压"，如图4-283所示。

**13** 在对象窗口中，将"样条"拖曳至"挤压"内，使其成为"挤压"的子集，并将"挤压"重命名为"背景"，如图4-284所示。

图4-283

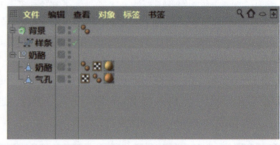
图4-284

**14** 在"背景"窗口中，选择"对象"，将"移动"中"X"的坐标数值修改为"10000 cm"，如图4-285所示。

**15** 单击鼠标滑轮调出四视图，在透视视图窗口上单击鼠标滑轮，进入透视视图界面，如图4-286所示。

**16** 在材质窗口中，在空白处双击新建一个"材质"，如图4-287所示。

图4-285

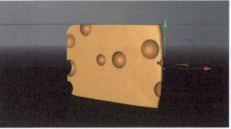
图4-286

图4-287

**17** 双击"材质"，进入材质编辑器。进入"颜色"通道，将"H"修改为"36°"，将"S"修改为"0%"，将"V"修改为"100%"，如图4-288所示。

**18** 在材质窗口中，将"材质"重命名为"背景"，如图4-289所示。

**19** 将材质"背景"赋予"背景"对象，如图4-290所示。

图4-288

图4-289

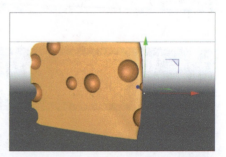
图4-290

**20** 在透视视图界面下，在工具栏中，选择"场景设定"中的"天空"，如图4-291所示。

**21** 将材质"背景"赋予"天空"图层，如图4-292所示。

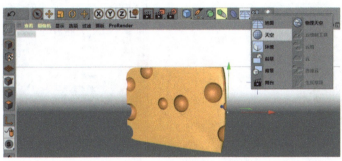

图4-291                                                                           图4-292

**22** 在工具栏中，选择"场景设定"中的"物理天空"，如图4-293所示。

**23** 在"物理天空"窗口中，选择"太阳"，将"强度"修改为"40%"，如图4-294所示。

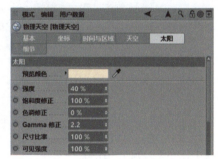

图4-293                                                                           图4-294

**24** 在对象窗口中，选择"物理天空"，单击鼠标右键，在弹出的快捷菜单中选择"CINEMA 4D标签"中的"合成"，如图4-295所示。

**25** 在"合成"窗口中，勾选"标签属性"中的"合成背景"，如图4-296所示。

**26** 在对象窗口中，同时选择"背景""天空""物理天空"，按【Alt+G】组合键进行编组，并重命名为"背景"，如图4-297所示。

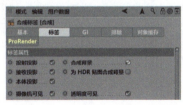

图4-295                                      图4-296                                      图4-297

**27** 在工具栏中选择"编辑渲染设置"，如图4-298所示。

**28** 在渲染设置中，勾选"多通道"，同时选择"效果"中的"全局光照"，如图4-299所示。

**29** 在"全局光照"中选择"辐照缓存"，并将"记录密度"修改为"高"，如图4-300所示。

**30** 在渲染设置中，勾选"多通道"，同时选择"效果"中的"环境吸收"，如图4-301所示。

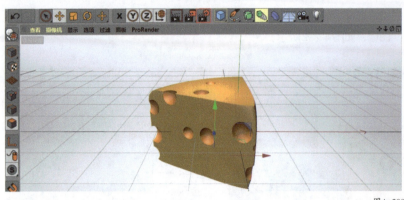

图4-298　　　　　　　　　图4-299

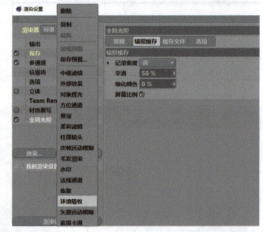

图4-300　　　　　　　　　　图4-301

**31** 在"环境吸收"中选择"缓存",并将"记录密度"修改为"高",如图4-302所示。

**32** 在工具栏中选择"渲染到图片查看器",如图4-303所示。

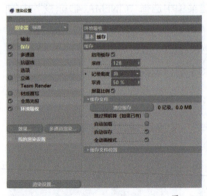

图4-302

图4-303

**33** 渲染后的效果如图4-304所示。

　　本案例到此已全部完成。

🔗 **案例知识点一览**　　（1）参数化对象：球体、圆柱

　　（2）NURBS：细分曲面、挤压

　　（3）造型工具组：布尔

　　（4）变形工具组：倒角

　　（5）对象和样条的编辑操作与选择：优化

图4-304

# 4.6 奶油字——文本、球体、置换、融球

本节讲解奶油字的制作方法。前面的小节讲解了奶酪模型的制作方法，读者可以在此基础上尝试制作奶油字。奶油字是常见的电商元素之一，多作为辅助元素出现，用于点缀和填充画面。在CINEMA 4D中，其制作方法非常简单，只需要使用文本、球体、胶囊配合置换、克隆、融球、随机等功能即可制作完成。

案例最终效果图展示

### 学习目标

通过本节的学习，读者将掌握奶油字的制作方法及奶油材质的渲染方法。

### 主要知识点

文本、球体、置换、融球

## 4.6.1 奶油字的建模

**01** 打开CINEMA 4D，进入默认的透视视图界面。在主菜单栏中，选择"运动图形"中的"文本"，如图4-305所示。

**02** 在"文本"窗口中，选择"对象"，在"对象属性"中的"文本"内输入"V"，将"细分数"修改为"4"，同时将"字体"粗细修改为"Bold"，将"对齐"修改为"中对齐"，将"点插值方式"修改为"统一"，如图4-306所示。

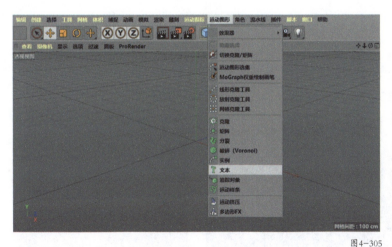

图4-305                                                           图4-306

**03** 同样，在"文本"窗口中，选择"封顶"，在"封顶圆角"中，将"顶端"和"末端"均修改为"圆角封顶"，同时勾选"创建单一对象"，将"类型"修改为"四边形"，如图4-307所示。

**04** 在工具栏中，选择"NURBS"中的"细分曲面"，如图4-308所示。

**05** 在对象窗口中，将"文本"拖曳至"细分曲面"内，使其成为"细分曲面"的子集，如图4-309所示。

图4-307                                        图4-308                                        图4-309

*06* 在工具栏中，选择"变形工具组"中的"置换"。在对象窗口中，同时选择"置换"和"细分曲面"，按【Alt+G】组合键进行编组，如图4-310所示。

*07* 在"置换"窗口中，选择"着色"，在"着色器"中选择"噪波"，进入"噪波着色器"。在"噪波着色器"中，将"全局缩放"修改为"500%"，如图4-311所示。

*08* 在"置换"窗口中，选择"对象"，将"强度"修改为"80%"，如图4-312所示。

图4-310                                        图4-311                                        图4-312

## 4.6.2 奶油的建模

*01* 在工具栏中，选择"参数化对象"中的"球体"对象，如图4-313所示。

*02* 在"球体"窗口中，选择"对象"，将"半径"修改为"5 cm"，如图4-314所示。

图4-313                                        图4-314

*03* 在主菜单栏中，选择"运动图形"中的"克隆"，如图4-315所示。

*04* 在对象窗口中，将"球体"拖曳至"克隆"内，使其成为"克隆"的子集，同时将"空白"重命名为"饼

干"，如图4-316所示。

**05** 在"克隆"窗口中，选择"对象"，在"对象属性"中，将"模式"修改为"对象"，将"对象"修改为"细分曲面"，将"数量"修改为"110"，如图4-317所示。

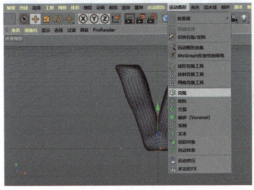

图4-315　　　　　　　　　　　　　　图4-316　　　　　　　　　　　　　　图4-317

**06** 在主菜单栏中，选择"运动图形"中的"效果器"，在弹出的下拉菜单中选择"随机"，如图4-318所示。

**07** 在"随机"窗口中，选择"参数"，取消勾选"位置"，勾选"缩放"和"等比缩放"，同时将"缩放"修改为"1.5"，如图4-319所示。

**08** 透视视图界面中的效果如图4-320所示。

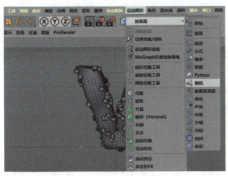

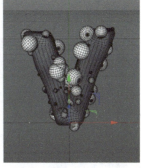

图4-318　　　　　　　　　　　　　　图4-319　　　　　　　　　　　　　　图4-320

**09** 在工具栏中，选择"造型工具组"中的"融球"，如图4-321所示。

**10** 在对象窗口中，将"克隆"拖曳至"融球"内，使其成为"融球"的子集，如图4-322所示。

**11** 在"融球"窗口中，选择"对象"，将"编辑器细分"和"渲染器细分"均修改为"1 cm"，如图4-323所示。

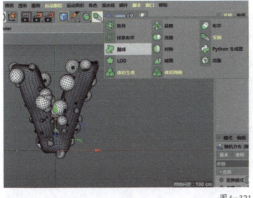
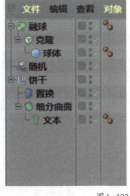

图4-321　　　　　　　　　　　　　　图4-322　　　　　　　　　　　　　　图4-323

**12** 在"克隆"窗口中，选择"对象"，将"种子"修改为"1000002"，如图4-324所示。

**13** 透视视图界面中的效果如图4-325所示。

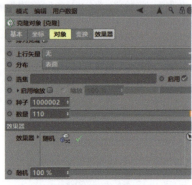

图4-324

图4-325

## 4.6.3 糖果的建模

**01** 在工具栏中，选择"参数化对象"中的"胶囊"对象。在"胶囊"窗口中，选择"对象"，在"对象属性"中，将"半径"修改为"0.2 cm"，将"高度"修改为"1.5 cm"，如图4-326所示。

**02** 在主菜单栏中，选择"运动图形"中的"克隆"。在对象窗口中，将"胶囊"拖曳至"克隆"内，使其成为"克隆"的子集。选择"融球"，在左侧的编辑模式工具栏中选择"转为可编辑对象"，并重命名为"奶油"。在"克隆"窗口中，选择"对象"，将"对象"修改为"奶油"，将"数量"修改为"1000"，如图4-327所示。

**03** 在对象窗口中，将"克隆"重命名为"糖果"。透视视图界面中的效果如图4-328所示。

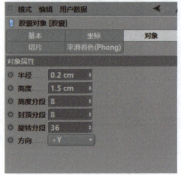

图4-326

图4-327

图4-328

## 4.6.4 奶油字的渲染

**01** 在材质窗口中，在空白处双击新建一个"材质"，如图4-329所示。

**02** 双击"材质"，进入材质编辑器。进入"颜色"通道，将"H"修改为"18°"，将"S"修改为"75%"，将"V"修改为"53%"，如图4-330所示。

**03** 勾选并进入"凹凸"通道，在"纹理"中选择"噪波"。在"着色器"中，将"全局缩放"修改为"5%"，将"相对比例"中的"Y"轴数值修改为"1500%"，

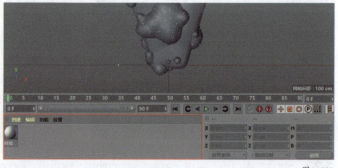

图4-329

如图4-331所示。

**04** 在材质窗口中，将"材质"重命名为"饼干"，如图4-332所示。

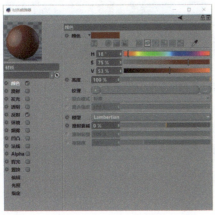 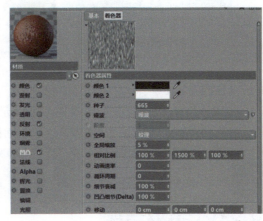 

图4-330          图4-331          图4-332

**05** 在透视视图界面下，将材质"饼干"赋予"饼干"图层，如图4-333所示。

**06** 在材质窗口中，在空白处双击新建一个"材质"，如图4-334所示。

**07** 双击"材质"，进入材质编辑器。进入"颜色"通道，将"H"修改为"18°"，将"S"修改为"0%"，将"V"修改为"100%"，如图4-335所示。

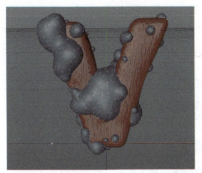  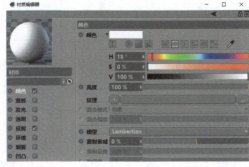

图4-333          图4-334          图4-335

**08** 在材质窗口中，将"材质"重命名为"奶油"，如图4-336所示。

**09** 在透视视图界面下，将材质"奶油"赋予"奶油"图层，如图4-337所示。

**10** 在材质窗口中，在空白处双击新建一个"材质"，如图4-338所示。

图4-336          图4-337          图4-338

**11** 双击"材质"，进入材质编辑器。进入"颜色"通道，将"H"修改为"133°"，将"S"修改为"100%"，将"V"修改为"100%"，如图4-339所示。

**12** 在材质编辑器中，进入"反射"通道，单击"添加"按钮，在弹出的下拉菜单中选择"GGX"，如图4-340所示。

图4-339

图4-340

**13** 在"层1"中将"粗糙度"修改为"10%",在"层颜色"中将"亮度"修改为"20%",如图4-341所示。

**14** 在材质窗口中,将"材质"重命名为"糖果1",如图4-342所示。

**15** 在材质窗口中,复制4个材质"糖果1",分别修改颜色,并分别重命名,如图4-343所示。

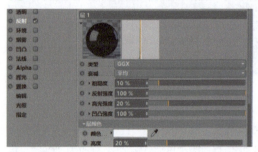

图4-341

图4-342

图4-343

**16** 在对象窗口中,复制4个"胶囊",并重命名为"胶囊1""胶囊2""胶囊3""胶囊4""胶囊5",分别赋予材质"糖果1"、材质"糖果2"、材质"糖果3"、材质"糖果4"、材质"糖果5",同时选择"饼干""奶油""糖果",按【Alt+G】组合键进行编组,并重命名为"奶油字",如图4-344所示。

**17** 单击鼠标滑轮调出四视图,如图4-345所示。在右视图窗口上单击鼠标滑轮,进入右视图界面。

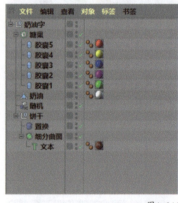

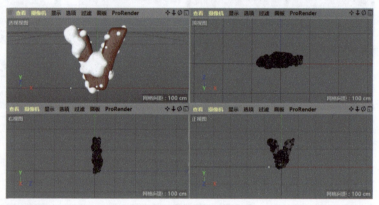

图4-344

图4-345

**18** 在右视图界面下,在工具栏中,选择"曲线工具组"中的"画笔"工具,如图4-346所示。

**19** 在右视图界面下,使用"画笔"工具绘制图4-347所示的线段。

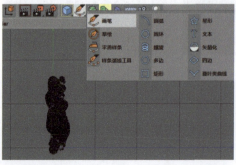

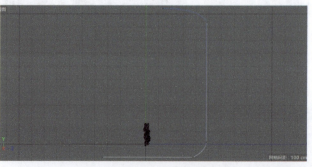

图4-346

图4-347

**20** 在工具栏中，选择"NURBS"中的"挤压"，如图4-348所示。

**21** 在对象窗口中，将"样条"拖曳至"挤压"内，使其成为"挤压"的子集，并将"挤压"重命名为"背景"，如图4-349所示。

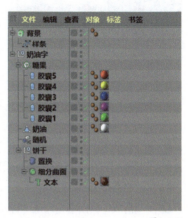

图4-348                                                            图4-349

**22** 在"背景"窗口中，选择"对象"，将"移动"中"X"的坐标数值修改为"10000 cm"，如图4-350所示。

**23** 单击鼠标滑轮调出四视图，在透视视图窗口上单击鼠标滑轮，进入透视视图界面，如图4-351所示。

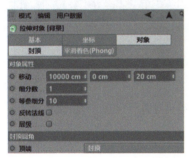

图4-350                                                            图4-351

**24** 将材质"奶油"赋予"背景"图层，透视视图界面中的效果如图4-352所示。

**25** 在透视视图界面下，在工具栏中，选择"场景设定"中的"天空"，如图4-353所示。

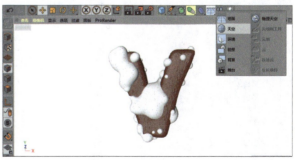

图4-352                                                            图4-353

**26** 将材质"奶油"赋予"天空"图层，如图4-354所示。

**27** 在工具栏中，选择"场景设定"中的"物理天空"，如图4-355所示。

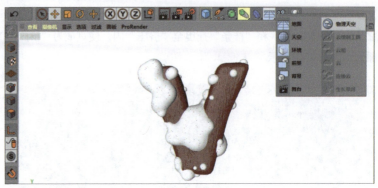

图4-354                                                                                          图4-355

**28** 在"物理天空"窗口中，选择"太阳"，将"强度"修改为"90%"，如图4-356所示。

**29** 在对象窗口中，选择"物理天空"，单击鼠标右键，在弹出的快捷菜单中选择"CINEMA 4D标签"中的"合成"，如图4-357所示。

**30** 在"合成"窗口中，勾选"标签属性"中的"合成背景"，如图4-358所示。

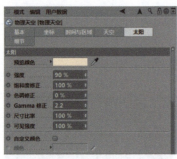

图4-356                                        图4-357                                        图4-358

**31** 在对象窗口中，同时选择"背景""天空""物理天空"，按【Alt+G】组合键进行编组，并重命名为"背景"，如图4-359所示。

**32** 在工具栏中选择"编辑渲染设置"，如图4-360所示。

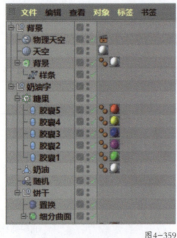

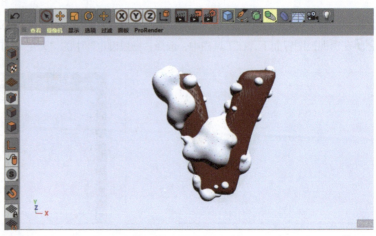

图4-359                                                                                          图4-360

**33** 在渲染设置中，勾选"多通道"，同时选择"效果"中的"全局光照"，如图4-361所示。

**34** 在"全局光照"中选择"辐照缓存"，并将"记录密度"修改为"高"，如图4-362所示。

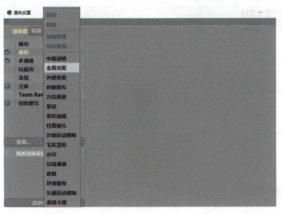

图4-361

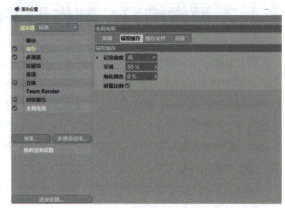

图4-362

**35** 在渲染设置中，勾选"多通道"，同时选择"效果"中的"环境吸收"，如图4-363所示。

**36** 在"环境吸收"中选择"缓存"，并将"记录密度"修改为"高"，如图4-364所示。

图4-363

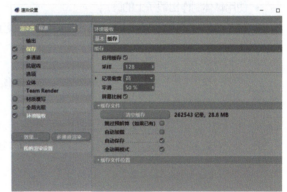

图4-364

**37** 在工具栏中选择"渲染到图片查看器"，如图4-365所示。

**38** 渲染后的效果如图4-366所示。

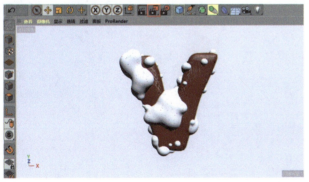

图4-365

图4-366

本案例到此已全部完成。

**案例知识点一览** （1）参数化对象：球体、胶囊

（2）NURBS：挤压、细分曲面

（3）造型工具组：融球

（4）变形工具组：置换

（5）运动图形：文本、克隆、随机

# 4.7 课堂练习：制作骰子模型

骰子(tóu zi)，在北方的很多地区又叫色子(shǎi zi)，它不但是桌游必不可少的小道具，还是许多娱乐项目必不可少的工具之一。最常见的骰子是六面骰，它是一个正方体，其每面分别有1~6个圆点。在三维设计和产品设计中，骰子模型是比较基础的模型，多作为辅助元素出现，用于点缀和填充画面。

请根据前面所学知识和你的理解，制作一个骰子模型，最终效果如图4-367所示。

图4-367

要制作出骰子模型的具体要求如下。

- 使用立方体制作出骰子的形状
- 使用球体制作出骰子上的圆点
- 利用布尔功能将立方体和球体结合，完成骰子模型的制作
- 渲染骰子

 打开"每日设计"App，搜索"SP010401"，或在本书页面的"配套视频"栏目，可以观看"课堂练习：制作骰子模型"的讲解视频。

 在"每日设计"App本书页面的"训练营"栏目可找到本课堂练习，将作品封装为1080像素×790像素的JPG文件进行提交，即可获得专业点评。一起在练习中进步吧！

第 **5** 章

# CINEMA 4D案例实训（中级）

本章将通过中级难度的案例，在第4章所讲知识点的基础上，对几何体本身进行编辑，同时不再局限于效果器的添加，而是对效果器的参数进行进一步调整。除此之外，本章通过多种几何体及多种效果器的组合使用，使读者掌握中等难度的三维模型创建、材质及材质的参数调整、场景及灯光的搭建，直至渲染出效果图。

 每日设计

# 5.1 草莓——球体、锥化、扭曲、克隆

本节讲解草莓模型的制作方法。草莓营养价值丰富，被誉为"水果皇后"，可用于制作果酱、蛋糕、饼干等食物。在三维设计中，草莓模型是比较基础的，多作为辅助元素出现，用于点缀和填充画面。在CINEMA 4D中，其制作方法非常简单，只需要使用球体配合锥化、扭曲、克隆等功能便可制作完成。

案例最终效果图展示

图文教程
CINEMA 4D
草莓建模及渲染
DESIGN BY ANQI

### 学习目标

通过本节的学习，读者将掌握草莓模型的制作方法及锥化工具的使用方法。

### 主要知识点

球体、锥化、扭曲、克隆

## 5.1.1 草莓的建模

**01** 打开CINEMA 4D，进入默认的透视视图界面。在透视视图界面下，在上方的工具栏中，选择"参数化对象"中的"球体"对象，如图5-1所示。

**02** 在"球体"窗口中，选择"对象"，在"对象属性"中，将"分段"修改为"40"，将"类型"修改为"二十面体"，如图5-2所示。

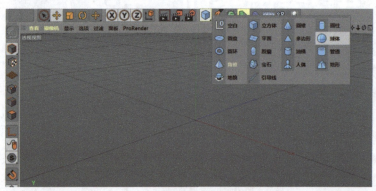

图5-1                                                                    图5-2

**03** 在视图窗口菜单中，选择"显示"中的"光影着色（线条）"，如图5-3所示。

**04** 在工具栏中，选择"变形工具组"中的"锥化"，如图5-4所示。

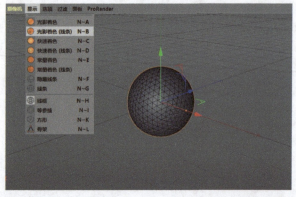

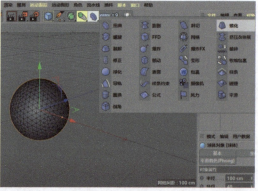

图5-3                                                                    图5-4

**05** 在对象窗口中，将"锥化"拖曳至"球体"内，使其成为"球体"的子集，如图5-5所示。

**06** 在"锥化"窗口中，将"尺寸"全部修改为"200 cm"，将"强度"修改为"50%"，同时勾选"圆角"，

如图5-6所示。

**07** 在坐标窗口中，将"旋转"中"B"的数值修改为"180°"，并单击"应用"按钮，如图5-7所示。

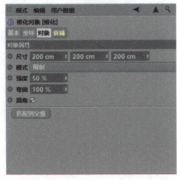
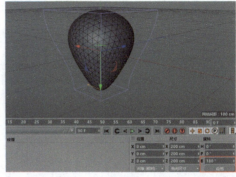

图5-5　　　　　　　　　　图5-6　　　　　　　　　　图5-7

**08** 在对象窗口中，选择"球体"图层，单击鼠标右键，在弹出的快捷菜单中选择"当前状态转对象"，如图5-8所示。

**09** 在对象窗口中，将"球体"重命名为"草莓"，同时暂时关闭"球体"的渲染时显示状态和编辑时显示状态，如图5-9所示。

**10** 在左侧的编辑模式工具栏中，选择"点模式"，在透视视图界面下，按【Ctrl+A】组合键全选所有的点，如图5-10所示。

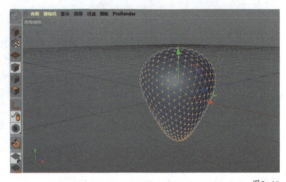

图5-8　　　　　　　　　　图5-9　　　　　　　　　　图5-10

**11** 在主菜单栏中，选择"选择"中的"设置选集"，如图5-11所示。

**12** 在对象窗口中，"草莓"图层的后面新增一个"选集标签"，如图5-12所示。

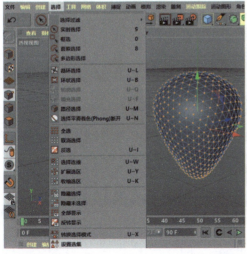
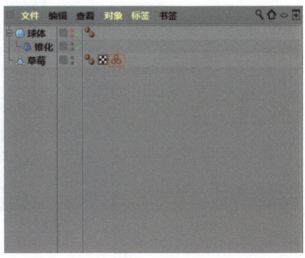

图5-11　　　　　　　　　　图5-12

**13** 在工具栏中，选择"NURBS"中的"细分曲面"，如图5-13所示。

**14** 在对象窗口中，将"草莓"拖曳至"细分曲面"内，使其成为"细分曲面"的子集。在左侧的编辑模式工具栏中选择"转为可编辑对象"或按【C】键将"细分曲面"转化为可编辑对象，如图5-14所示。

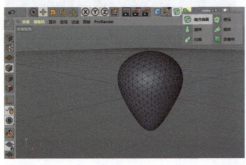

图5-13　　　　　　　　　　　　　　　　　　　　　　图5-14

**15** 在工具栏中选择"实时选择"工具，如图5-15所示。

**16** 在"实时选择"窗口中，将"模式"修改为"柔和选择"，将"半径"修改为"5 cm"，如图5-16所示。

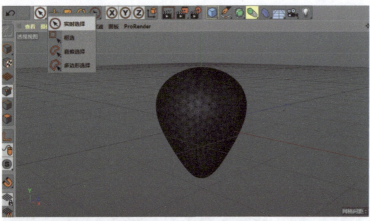

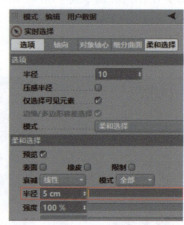

图5-15　　　　　　　　　　　　　　　　　　　　　　图5-16

**17** 透视视图界面中的效果如图5-17所示。

**18** 在视图窗口菜单中，选择"显示"中的"光影着色"，在左侧的编辑模式工具栏中选择"模型"模式，如图5-18所示。

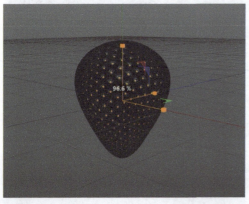

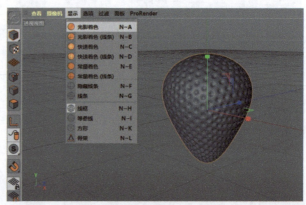

图5-17　　　　　　　　　　　　　　　　　　　　　　图5-18

**19** 单击鼠标滑轮调出四视图，如图5-19所示。在顶视图窗口上单击鼠标滑轮，进入顶视图界面。

***20*** 在工具栏中选择"实时选择"工具，在左侧的编辑模式工具栏中，选择"点模式"，如图5-20所示。

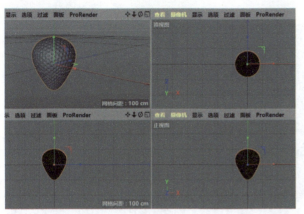

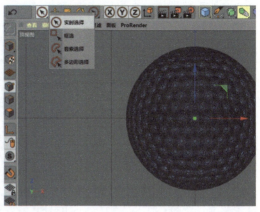

图5-19

图5-20

***21*** 在"实时选择"窗口中，将"半径"修改为"100 cm"，如图5-21所示。

***22*** 单击鼠标滑轮调出四视图，如图5-22所示。在正视图窗口上单击鼠标滑轮，进入正视图界面。

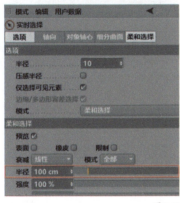

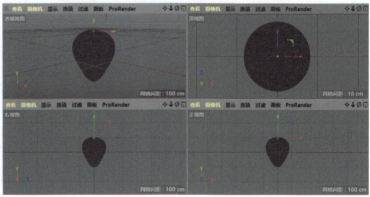

图5-21

图5-22

***23*** 在正视图界面下，按【E】键切换到"移动"工具，按住鼠标左键，逆着绿色箭头向下拖曳，效果如图5-23所示。

***24*** 透视视图界面中的效果如图5-24所示。

***25*** 在对象窗口中，暂时关闭"草莓"的编辑时显示状态，如图5-25所示。

图5-23

图5-24

图5-25

## 5.1.2 草莓籽的建模

***01*** 在上方的工具栏中，选择"参数化对象"中的"球体"对象。在"球体"窗口中，选择"对象"，将"分段"修改为"30"，同时将"类型"修改为"二十面体"，如图5-26所示。

**02** 在左侧的编辑模式工具栏中选择"转为可编辑对象"或按【C】键将"球体"对象转化为可编辑对象,如图5-27所示。

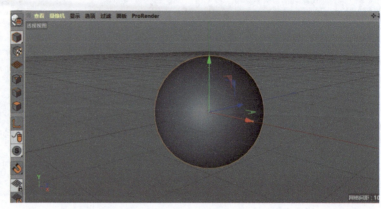

图5-26 　　　　　　　　　　　　　　　　　　　　　　　　　　　图5-27

**03** 在透视视图界面下,按【T】键切换到"缩放"工具,调整"球体"对象的大小,效果如图5-28所示。

**04** 在主菜单栏中,选择"运动图形"中的"克隆",如图5-29所示。

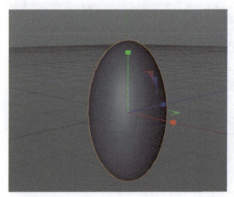

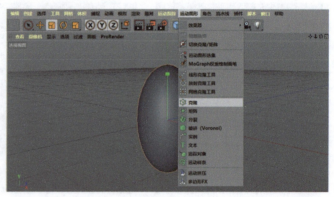

图5-28 　　　　　　　　　　　　　　　　　　　　　　　　　　　图5-29

**05** 在对象窗口中,将"球体"重命名为"草莓籽",并将"草莓籽"拖曳至"克隆"内,使其成为"克隆"的子集,如图5-30所示。

**06** 在"克隆"窗口中,选择"对象",在"对象属性"中,将"模式"修改为"对象",将"对象"修改为"点选集",将"分布"修改为"顶点",如图5-31所示。

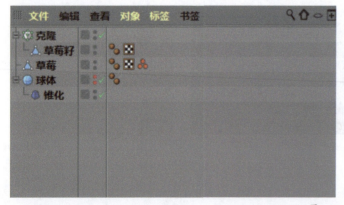

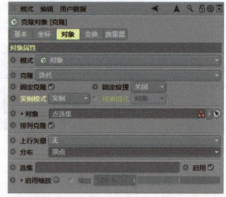

图5-30 　　　　　　　　　　　　　　　　　　　　　　　　　　　图5-31

**07** 在"克隆"窗口中,选择"变换",将"旋转B"修改为"90°",如图5-32所示。

**08** 透视视图界面中的效果如图5-33所示。

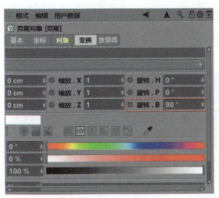

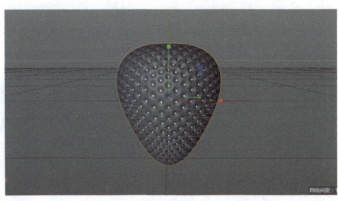

图5-32

图5-33

### 5.1.3 草莓叶的建模

**01** 在透视视图界面下，将素材"草莓叶"置入，按【E】键切换到"移动"工具，调整位置，效果如图5-34所示。

**02** 在左侧的编辑模式工具栏中选择"转为可编辑对象"或按【C】键将"球体"对象转化为可编辑对象，如图5-35所示。

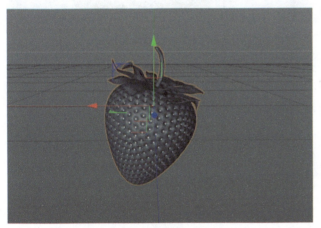

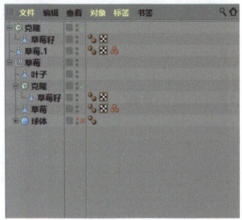

图5-34

图5-35

**03** 在材质窗口的空白处双击，新建一个"材质"，如图5-36所示。

**04** 双击"材质"，进入材质编辑器。进入"颜色"通道，选择"纹理"中的"加载图像"，如图5-37所示。

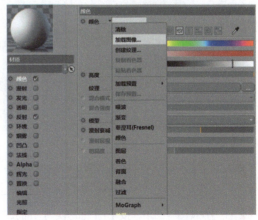

图5-36

图5-37

**05** 将素材"草莓贴图"置入，如图5-38所示。

**06** 在材质编辑器中，勾选并进入"Alpha"通道，选择"纹理"中的"加载图像"，如图5-39所示。

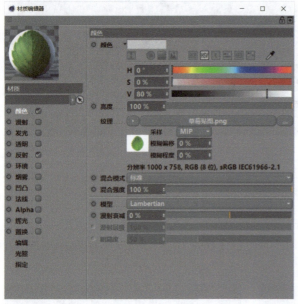

图5-38

图5-39

**07** 将素材"草莓贴图"置入，如图5-40所示。

**08** 在材质窗口中，将"材质"重命名为"叶子"，如图5-41所示。

**09** 在上方的工具栏中，选择"参数化对象"中的"平面"对象，如图5-42所示。

图5-40

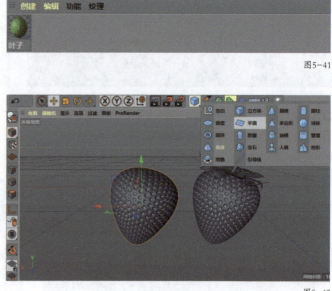

图5-41

图5-42

**10** 在"平面"窗口中，选择"对象"，将"宽度"和"高度"均修改为"100 cm"，如图5-43所示。

**11** 在透视视图界面下，将材质"叶子"赋予"平面"图层，效果如图5-44所示。

**12** 在透视视图界面下，按【T】键切换到"缩放"工具，调整大小，如图5-45所示。

**13** 在主菜单栏中，选择"运动图形"中的"克隆"。在对象窗口中，将"平面"拖曳至"克隆"内，使其成为"克隆"的子集，如图5-46所示。

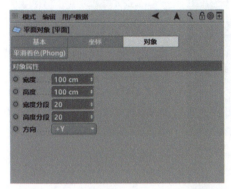

图5-43

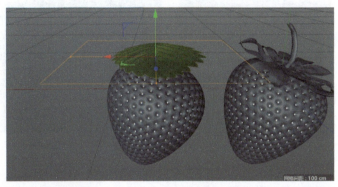

图5-44

图5-45

图5-46

**14** 在工具栏中，选择"变形工具组"中的"扭曲"，如图5-47所示。

**15** 在透视视图界面下，调整扭曲的"强度"和"角度"，效果如图5-48所示。

**16** 在对象窗口中，将"扭曲"拖曳至"平面"内，使其成为"平面"的子集，同时暂时关闭"克隆"图层，如图5-49所示。

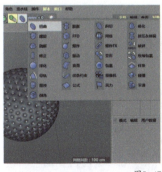

图5-47

图5-48

图5-49

**17** 在"扭曲"窗口中，选择"对象"，将"强度"修改为"92°"，同时勾选"保持纵轴长度"，如图5-50所示。

**18** 透视视图界面中的效果如图5-51所示。

**19** 在"克隆"窗口中，选择"对象"，将"模式"修改为"放射"，将"数量"修改为"7"，将"半径"修改

为 "14 cm"，将 "平面" 修改为 "XZ"，如图5-52所示。

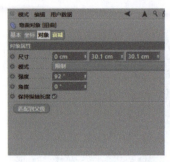
图5-50

图5-51

图5-52

**20** 透视视图界面中的效果如图5-53所示。

**21** 按【E】键切换到 "移动" 工具，调整位置，如图5-54所示。

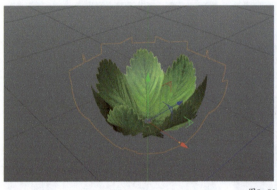
图5-53

图5-54

**22** 在材质窗口的空白处双击，新建一个 "材质"，如图5-55所示。

**23** 双击 "材质"，进入材质编辑器。进入 "颜色" 通道，将 "H" 修改为 "97°"，将 "S" 修改为 "91%"，将 "V" 修改为 "48%"，如图5-56所示。

**24** 在材质编辑器中，进入 "反射" 通道，单击 "添加" 按钮，在弹出的下拉菜单中选择 "GGX"，如图5-57所示。

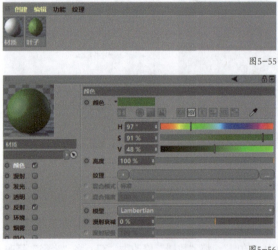
图5-55
图5-56

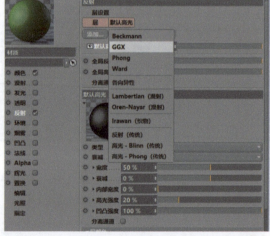
图5-57

**25** 在"层1"中将"粗糙度"修改为"20%"，在"层颜色"中将"亮度"修改为"10%"，如图5-58所示。

**26** 在材质窗口中，将"材质"重命名为"叶子"，如图5-59所示。

**27** 在透视视图界面下，将材质"叶子"赋予"叶子"图层，如图5-60所示。

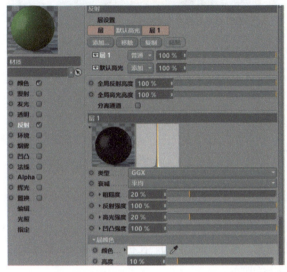

图5-58

图5-59

图5-60

## 5.1.4 草莓的渲染

**01** 在材质窗口中，按【Ctrl+C】组合键复制一份材质"叶子"，并按【Ctrl+V】组合键在原位粘贴，如图5-61所示。

**02** 双击材质"叶子"，进入材质编辑器。进入"颜色"通道，将"H"修改为"0°"，将"S"修改为"100%"，将"V"修改为"70%"，如图5-62所示。

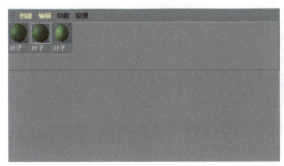

图5-61

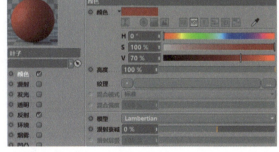

图5-62

**03** 在材质窗口中，将材质"叶子"重命名为"草莓"，如图5-63所示。

**04** 在对象窗口中，将材质"草莓"赋予"草莓"图层，如图5-64所示。

**05** 在材质窗口中，按【Ctrl+C】组合键复制一份材质"草莓"，并按【Ctrl+V】组合键在原位粘贴，如图5-65所示。

**06** 双击材质"草莓"，进入材质编辑器。进入"颜色"通道，将"H"修改为"40°"，将"S"修改为"100%"，将"V"修改为"100%"，如图5-66所示。

图5-63

图5-65

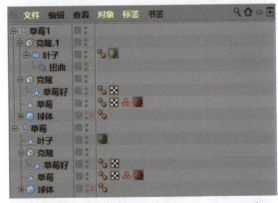

图5-64

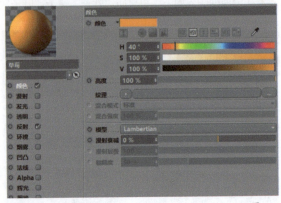

图5-66

**07** 在材质窗口中，将材质"草莓"重命名为"草莓籽"，如图5-67所示。

**08** 在对象窗口中，将材质"草莓籽"赋予"草莓籽"图层，如图5-68所示。

**09** 单击鼠标滑轮调出四视图，在右视图窗口上单击鼠标滑轮，进入右视图界面。在右视图界面下，在上方的工具栏中，选择"曲线工具组"中的"画笔"工具，如图5-69所示。

**10** 在右视图界面下，使用"画笔"工具绘制图5-70所示的线段。

图5-67

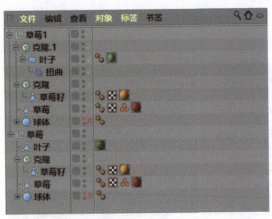

图5-68

图5-69

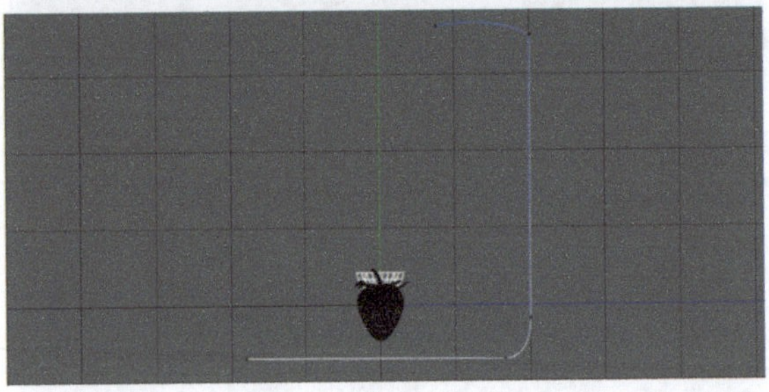

图5-70

**11** 在工具栏中，选择"NURBS"中的"挤压"，如图5-71所示。

**12** 在对象窗口中，将"样条"拖曳至"挤压"内，使其成为"挤压"的子集，并将"挤压"重命名为"背景"，如图5-72所示。

**13** 在"背景"窗口中，选择"对象"，在"对象属性"中，将"移动"中"X"的数值修改为"10000 cm"，如图5-73所示。

**14** 单击鼠标滑轮调出四视图，在透视视图窗口上单击鼠标滑轮，进入透视视图界面，如图5-74所示。

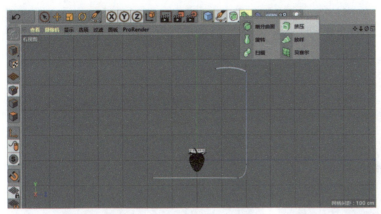
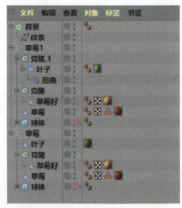

图5-71　　　　　　　　　　　　　　　　　　　　　图5-72

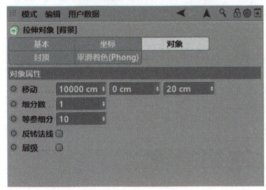

图5-73　　　　　　　　　　　　　　　　　　　　　图5-74

**15** 在材质窗口的空白处双击，新建一个"材质"，如图5-75所示。

**16** 双击"材质"，进入材质编辑器。进入"颜色"通道，将"H"修改为"4°"，将"S"修改为"35%"，将"V"修改为"100%"，如图5-76所示。

**17** 在材质窗口中，将"材质"重命名为"背景"，如图5-77所示。

**18** 将材质"背景"赋予"背景"图层，如图5-78所示。

图5-75　　　　　　　　　　　　　　　　　　　　　图5-77

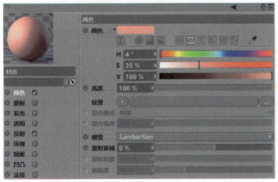

图5-76　　　　　　　　　　　　　　　　　　　　　图5-78

**19** 在透视视图界面下，在工具栏中，选择"场景设定"中的"天空"，如图5-79所示。

**20** 在材质窗口的空白处双击，新建一个"材质"，如图5-80所示。

**21** 双击"材质"，进入材质编辑器。进入"颜色"通道，将"H"修改为"4°"，将"S"修改为"0%"，将"V"修改为"100%"，如图5-81所示。

**22** 在材质窗口中，将"材质"重命名为"天空"，如图5-82所示。

图5-79

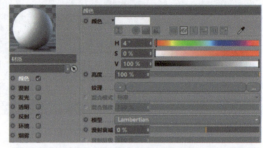

图5-81

图5-80

图5-82

**23** 在对象窗口中，将材质"天空"赋予"天空"图层，如图5-83所示。

**24** 在工具栏中，选择"场景设定"中的"物理天空"，如图5-84所示。

图5-83

图5-84

**25** 在"物理天空"窗口中，选择"太阳"，将"强度"修改为"80%"，如图5-85所示。

**26** 在对象窗口中，选择"物理天空"，单击鼠标右键，在弹出的快捷菜单中选择"CINEMA 4D标签"中的"合成"，如图5-86所示。

**27** 在"合成"窗口中，勾选"标签属性"中的"合成背景"，如图5-87所示。

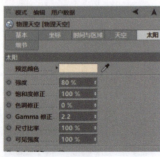

图5-85

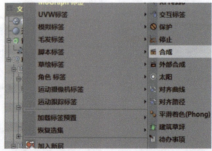

图5-86

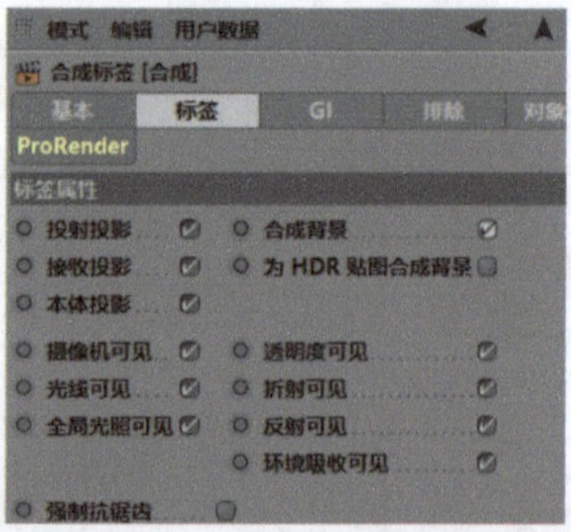

图5-87

**28** 在对象窗口中，同时选择"背景""天空""物理天空"，按【Alt+G】组合键进行编组，并重命名为"背景"，如图5-88所示。

***29*** 在工具栏中选择"编辑渲染设置"，如图5-89所示。

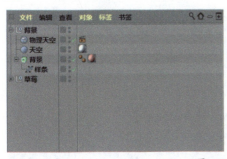

图5-88

图5-89

***30*** 在渲染设置中，勾选"多通道"，同时选择"效果"中的"全局光照"，如图5-90所示。

***31*** 在"全局光照"中选择"辐照缓存"，并将"记录密度"修改为"高"，如图5-9l所示。

***32*** 在渲染设置中，勾选"多通道"，同时选择"效果"中的"环境吸收"，如图5-92所示。

图5-90

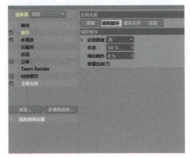

图5-91

图5-92

***33*** 在"环境吸收"中选择"缓存"，并将"记录密度"修改为"高"，如图5-93所示。

***34*** 在工具栏中选择"渲染到图片查看器"，如图5-94所示。

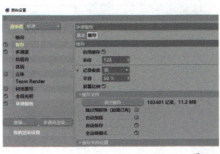

图5-93

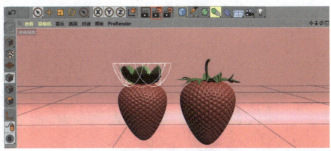

图5-94

***35*** 渲染后的效果如图5-95所示。

本案例到此已全部完成。

> 🔗 **案例知识点一览**　（1）参数化对象：球体、平面
> （2）NURBS：细分曲面、挤压
> （3）变形工具组：扭曲、锥化
> （4）运动图形：克隆

图5-95

# 5.2 热气球——球体、扫描、锥化、循环选择

本节讲解热气球模型的制作方法。传说，热气球的原型由三国时期诸葛亮发明，当年，诸葛亮被司马懿围困于阳平，无法派兵出城求救。他算准风向，制作了一种会飘浮的纸灯笼，系上求救的信息，其后果然脱险，于是后世就把这种灯笼称为天灯或孔明灯。18世纪，造纸商孟格菲兄弟发明了热气球。今天，乘坐热气球飞行已成为人们喜爱的一种航空体育运动。此外，热气球还可以用于航空摄影和航空旅游。在三维设计中，热气球模型属于中级难度的，包括热气球、吊篮、底座、喷火器等部分。在CINEMA 4D中，热气球模型需要使用球体、胶囊、矩形等模型配合锥化、循环选择等功能制作完成。

**学习目标**

通过本节的学习，读者将掌握热气球模型的制作方法。

**主要知识点**

球体、扫描、锥化、循环选择

## 5.2.1 热气球的建模

**01** 打开CINEMA 4D，进入默认的透视视图界面。在透视视图界面下，在上方的工具栏中，选择"参数化对象"中的"球体"对象，如图5-96所示。

**02** 在工具栏中，选择"变形工具组"中的"锥化"，如图5-97所示。

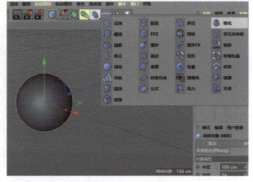

图5-96

图5-97

**03** 在对象窗口中，将"锥化"拖曳至"球体"内，使其成为"球体"的子集，如图5-98所示。

**04** 在"锥化"窗口中，将"强度"修改为"60%"，将"弯曲"修改为"100%"，如图5-99所示。

**05** 在坐标窗口中，将"旋转"一栏中"B"的数值修改为"180°"，并单击"应用"按钮，如图5-100所示。

**06** 在对象窗口中，选择"球体"图层，在该图层上单击鼠标右键，在弹出的快捷菜单中选择"当前状态转对象"，如图5-101所示。

**07** 在对象窗口中，暂时关闭"球体"原始图层的编辑时显示状态和渲染时显示状态，并将"球体"重命名为"气球"，如图5-102所示。

**08** 在左侧的编辑模式工具栏中，选择"点模式"，如图5-103所示。

图5-98

图5-99

图5-100

图5-101

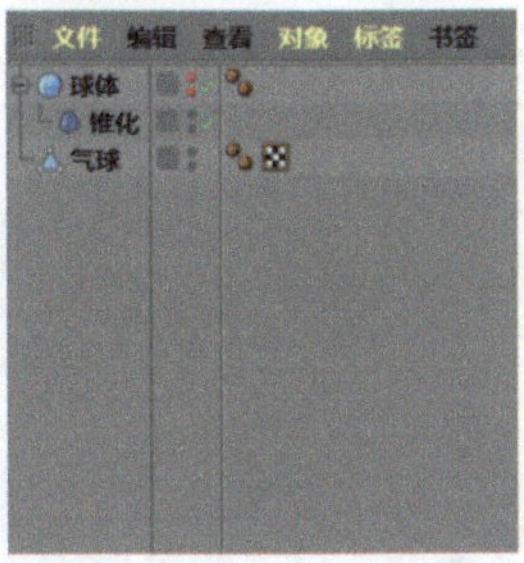

图5-102

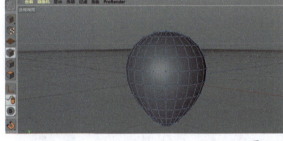

图5-103

**09** 单击鼠标滑轮调出四视图，在正视图窗口上单击鼠标滑轮，进入正视图界面，如图5-104所示。

**10** 在正视图界面下，选择图5-105所示的点。

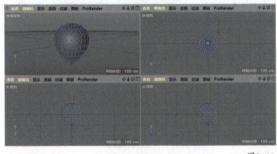

图5-104

图5-105

**11** 按【Delete】键将选中的点删除，如图5-106所示。

**12** 在左侧的编辑模式工具栏中，选择"面模式"，如图5-107所示。

图5-106

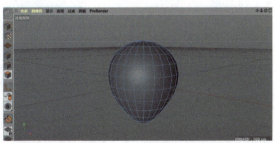

图5-107

**13** 在工具栏中选择"实时选择"工具，如图5-108所示。

**14** 在透视视图界面下，按【U+L】组合键进行循环选择，选择图5-109所示的面。

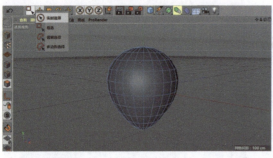

图5-108                                         图5-109

**15** 使用同样的方法，按住【Shift】键加选其他的面，效果如图5-110所示。

**16** 在透视视图界面下，在空白处单击鼠标右键，在弹出的快捷菜单中选择"挤压"，如图5-111所示。

 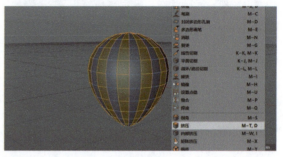

图5-110                                         图5-111

**17** 在"挤压"窗口中，将"偏移"修改为"3.5 cm"，如图5-112所示。

**18** 透视视图界面中的效果如图5-113所示，使用同样的方法，按【U+L】组合键进行循环选择，选择剩下的面。

**19** 在透视视图界面下，在空白处单击鼠标右键，在弹出的快捷菜单中选择"挤压"，如图5-114所示。

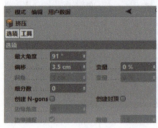 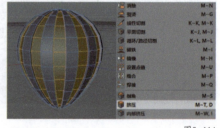

图5-112                    图5-113                              图5-114

**20** 在"挤压"窗口中，将"偏移"修改为"3.5 cm"，如图5-115所示。

**21** 在工具栏中，选择"NURBS"中的"细分曲面"，如图5-116所示。

**22** 在对象窗口中，将"气球"拖曳至"细分曲面"内，使其成为"细分曲面"的子集，并将"细分曲面"重命名为"热气球"，如图5-117所示。

 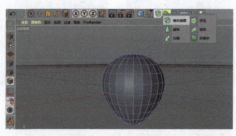 

图5-115                    图5-116                              图5-117

### 5.2.2　伞圈的建模

**01** 在上方的工具栏中，选择"参数化对象"中的"管道"对象，如图5-118所示。

**02** 在"管道"窗口中，选择"对象"，将"内部半径"修改为"200 cm"，如图5-119所示。

**03** 单击鼠标滑轮调出四视图，在正视图窗口上单击鼠标滑轮，进入正视图界面。按【T】键切换到"缩放"工具，调整"管道"对象的大小，按【E】键切换到"移动"工具，调整"管道"对象的位置，如图5-120所示。

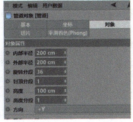

图5-118　　　　　　　　　　　　　　　　图5-119　　　　　　　　　　　　　　　　图5-120

**04** 在左侧的编辑模式工具栏中选择"转为可编辑对象"或按【C】键将"管道"对象转化为可编辑对象，如图5-121所示。

**05** 在左侧的编辑模式工具栏中，选择"边模式"。在透视视图界面下，按【U+L】组合键进行循环选择，选择图5-122所示的边。

图5-121　　　　　　　　　　　　　　　　　　　　　　　　　　图5-122

**06** 在透视视图界面下，按【T】键切换到"缩放"工具，调整大小，按住鼠标左键，在空白处进行拖曳，效果如图5-123所示。

**07** 在左侧的编辑模式工具栏中，选择"面模式"。在工具栏中选择"实时选择"工具，然后选择图5-124所示的面。

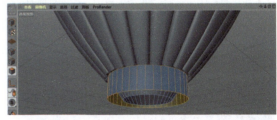

图5-123　　　　　　　　　　　　　　　　　　　　　　　　　　图5-124

**08** 按【Delete】键将选中的面删除，如图5-125所示。

**09** 在左侧的编辑模式工具栏中，选择"边模式"。在透视视图界面下，按【U+L】组合键进行循环选择，选择图5-126所示的边。

**10** 按【Delete】键将选中的边删除，如图5-127所示。

**11** 在透视视图界面下，按【T】键切换到"缩放"工具，调整大小，如图5-128所示。

**12** 在对象窗口中，将"管道"重命名为"伞圈"，如图5-129所示。

图5-125

图5-126

图5-127

图5-128

图5-129

### 5.2.3 绳子的建模

**01** 单击鼠标滑轮调出四视图，在正视图窗口上单击鼠标滑轮，进入正视图界面。在上方的工具栏中，选择"曲线工具组"中的"画笔"工具，如图5-130所示。

**02** 在正视图界面下，使用"画笔"工具绘制图5-131所示的线段。

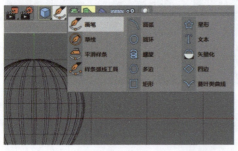

图5-130

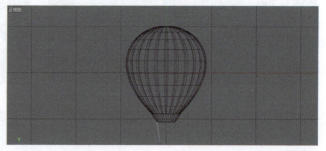

图5-131

**03** 在工具栏中，选择"曲线工具组"中的"圆环"，如图5-132所示。

**04** 在工具栏中，选择"NURBS"中的"扫描"，如图5-133所示。

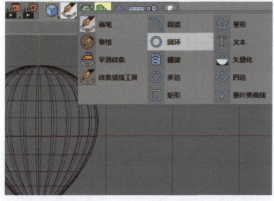

图5-132

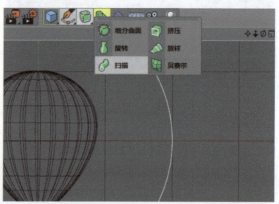

图5-133

**05** 在对象窗口中，将"样条"和"圆环"拖曳至"扫描"内，使其成为"扫描"的子集，如图5-134所示。

**06** 在"圆环"窗口中，选择"对象"，将"半径"修改为"0.3 cm"，如图5-135所示。

**07** 透视视图界面中的效果如图5-136所示。

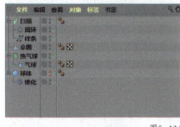 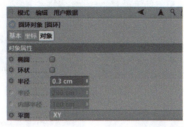 

图5-134　　　　　　　　　　　　　图5-135　　　　　　　　　　　　　图5-136

**08** 复制3份"扫描"图层，并分别重命名为"绳子1""绳子2""绳子3""绳子4"。同时选择所有的"绳子"图层，按【Alt+G】组合键进行编组，并重命名为"绳子"，如图5-137所示。

**09** 在正视图界面下，按【E】键切换到"移动"工具，调整"绳子"的位置，效果如图5-138所示。

图5-137　　　　　　　　　　　　　　　　　　　　　　　　　　　　图5-138

**10** 在工具栏中，选择"造型工具组"中的"对称"，如图5-139所示。

**11** 在对象窗口中，将"绳子"拖曳至"对称"内，使其成为"对称"的子集，如图5-140所示。

**12** 透视视图界面中的效果如图5-141所示。

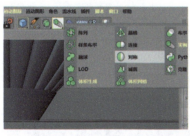 

图5-139　　　　　　　　　　　　　图5-140　　　　　　　　　　　　　图5-141

## 5.2.4 底座的建模

**01** 在工具栏中，选择"曲线工具组"中的"圆环"，如图5-142所示。

**02** 在工具栏中，选择"曲线工具组"中的"矩形"，如图5-143所示。

**03** 在工具栏中，选择"NURBS"中的"扫描"，如图5-144所示。

**04** 在对象窗口中，将"圆环"和"矩形"拖曳至"扫描"内，使其成为"扫描"的子集，如图5-145所示。

**05** 在"矩形"窗口中，将"高度"和"宽度"修改为"88 cm"，勾选"圆角"，将"半径"修改为"3.4 cm"，将"平面"修改为"XZ"，如图5-146所示。

图5-142

图5-143

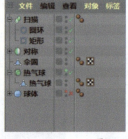

图5-144

图5-145

图5-146

**06** 在"圆环"窗口中，将"半径"修改为"5.7 cm"，将"平面"修改为"XY"，如图5-147所示。

**07** 透视视图界面中的效果如图5-148所示。

**08** 在对象窗口中，复制一份"扫描"，并分别重命名为"底座（上）"和"底座（下）"，如图5-149所示。

图5-147

图5-148

图5-149

**09** 在透视视图界面下，按【T】键切换到"缩放"工具，调整"底座（下）"的大小，如图5-150所示。

**10** 在上方的工具栏中，选择"参数化对象"中的"胶囊"对象，如图5-151所示。

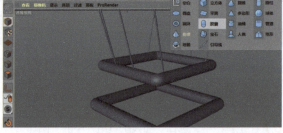

图5-150

图5-151

**11** 在透视视图界面下，按【E】键切换到"移动"工具，调整"胶囊"对象的位置，按【T】键切换到"缩放"工具，调整"胶囊"对象的大小，如图5-152所示。

**12** 在透视视图界面下，复制3份"胶囊"，并分别调整大小和位置，效果如图5-153所示。

**13** 在对象窗口中，将"胶囊"分别重命名为"支柱1""支柱2""支柱3""支柱4"，按【Alt+G】组合键进行编组，并重命名为"支柱"，如图5-154所示。

图5-152　　　　　　　　　　　图5-153　　　　　　　　　　图5-154

## 5.2.5 吊篮的建模

**01** 在上方的工具栏中，选择"参数化对象"中的"立方体"对象，如图5-155所示。

**02** 在"立方体"窗口中，选择"对象"，将"尺寸.X""尺寸.Y""尺寸.Z"均修改为"106 cm"，勾选"圆角"，将"圆角半径"修改为"15 cm"，将"圆角细分"修改为"10"，如图5-156所示。

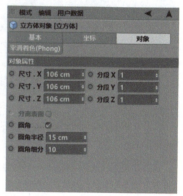

图5-155　　　　　　　　　　　　　　　　　　　　　　图5-156

**03** 在透视视图界面下，按【E】键切换到"移动"工具，调整位置。在左侧的编辑模式工具栏中选择"转为可编辑对象"或按【C】键将"立方体"对象转化为可编辑对象，如图5-157所示。

**04** 在左侧的编辑模式工具栏中，选择"面模式"。在上方的工具栏中，选择"实时选择"工具。在透视视图界面下，使用"实时选择"工具选择图5-158所示的面。

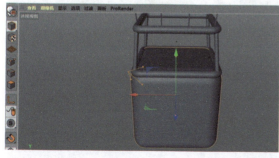
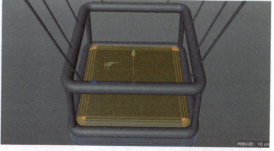

图5-157　　　　　　　　　　　　　　　　　　　图5-158

**05** 按【Delete】键将选中的面删除，如图5-159所示。

**06** 在对象窗口中，将"立方体"重命名为"吊篮"，如图5-160所示。

图5-159                                                                    图5-160

## 5.2.6 喷火器的建模

**01** 在上方的工具栏中，选择"参数化对象"中的"圆柱"对象，如图5-161所示。

**02** 在"圆柱"窗口中，选择"对象"，将"半径"修改为"7cm"，将"高度"修改为"9cm"，如图5-162所示。

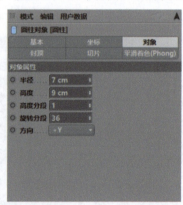

图5-161                                                                    图5-162

**03** 在透视视图界面下，复制一份"圆柱"对象，按【T】键切换到"缩放"工具，调整大小，按【E】键切换到"移动"工具，调整位置，效果如图5-163所示。

**04** 在左侧的编辑模式工具栏中选择"转为可编辑对象"或按【C】键将"圆柱"对象转化为可编辑对象，在左侧的编辑模式工具栏中选择"边模式"，按【U+L】组合键进行循环选择，选择"圆柱"对象顶部的一圈边。按【T】键切换到"缩放"工具，调整大小，效果如图5-164所示。

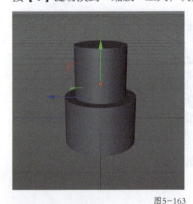

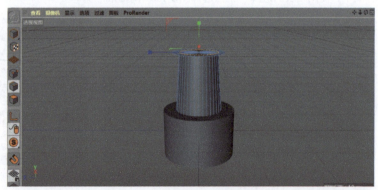

图5-163                                                                    图5-164

**05** 在左侧的编辑模式工具栏中选择"面模式"，在上方的工具栏中选择"实时选择"工具，在透视视图界面下，使用"实时选择"工具选择图5-165所示的面。

**06** 按【Delete】键将选中的面删除，如图5-166所示。

**07** 在透视视图界面下，复制一份"圆柱"对象，按【E】键切换到"移动"工具，调整位置，按【T】键切换到"缩放"工具，调整大小，效果如图5-167所示。

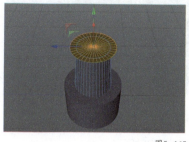

图5-165　　　　　　　　　　　　图5-166　　　　　　　　　　　　图5-167

**08** 在对象窗口中，同时选择"圆柱""圆柱.1""圆柱.2"，按【Alt+G】组合键进行编组，并重命名为"喷火器"，如图5-168所示。

**09** 单击鼠标滑轮调出四视图，在正视图窗口上单击鼠标滑轮，进入正视图界面。在正视图界面中，复制一份"喷火器"，并按【E】键切换到"移动"工具，调整位置，效果如图5-169所示。

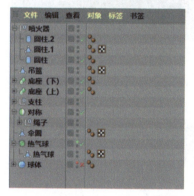
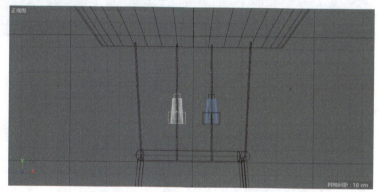

图5-168　　　　　　　　　　　　　　　　　　　　　　　　　　　　　　图5-169

## 5.2.7 支架的建模

**01** 在对象窗口中，将"喷火器"分别重命名为"喷火器1"和"喷火器2"，按【Alt+G】组合键进行编组，并重命名为"喷火器"，同时复制一份"底座（上）"，如图5-170所示。

**02** 在透视视图界面下，按【R】键切换到"旋转"工具，调整"底座（上）.1"的角度，按【E】键切换到"移动"工具，调整"底座（上）.1"的位置，效果如图5-171所示。

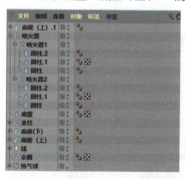
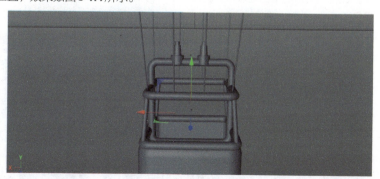

图5-170　　　　　　　　　　　　　　　　　　　　　　　　　　　　　　图5-171

**03** 在左侧的编辑模式工具栏中选择"转为可编辑对象"或按【C】键将"底座（上）.1"转化为可编辑对象，然后选择"边模式"。在上方的工具栏中，选择"框选"工具。在透视视图界面下，使用"框选"工具选择

图5-172所示的边。

**04** 按【Delete】键将选中的边删除，如图5-173所示。

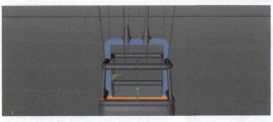

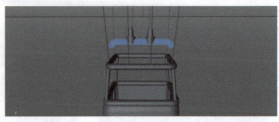

图5-172           图5-173

**05** 在透视视图界面下，使用"实时选择"工具，按【U+L】组合键进行循环选择，选择图5-174所示的边。

**06** 在透视视图界面下，按住鼠标左键，逆着蓝色的箭头向下拖曳，效果如图5-175所示。

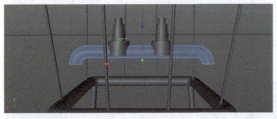

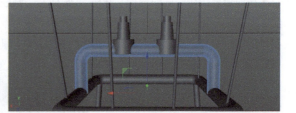

图5-174           图5-175

**07** 透视视图界面中的效果如图5-176所示。

**08** 在对象窗口中，将"底座（上）.1"重命名为"支架"。同时选择所有的图层，按【Alt+G】组合键进行编组，并重命名为"热气球"，如图5-177所示。

图5-176           图5-177

## 5.2.8 热气球的渲染

**01** 在材质窗口的空白处双击，新建一个"材质"，如图5-178所示。

**02** 双击"材质"，进入材质编辑器。进入"颜色"通道，选择"纹理"中的"加载图像"，如图5-179所示。

图5-178           图5-179

**03** 将素材"铁"置入，如图5-180所示。

**04** 在材质窗口中，将"材质"重命名为"铁"，如图5-181所示。

**05** 在透视视图界面下，将材质"铁"赋予"喷火器""支架""底座"图层，如图5-182所示。

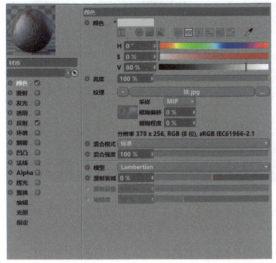

图5-180

图5-181

图5-182

**06** 在材质窗口的空白处双击，新建一个"材质"，如图5-183所示。

**07** 双击"材质"，进入材质编辑器。进入"颜色"通道，选择"纹理"中的"加载图像"。将素材"藤条1"置入，如图5-184所示。

**08** 在材质窗口中，将"材质"重命名为"吊篮"，如图5-185所示。

**09** 在透视视图界面下，将材质"吊篮"赋予"吊篮"图层，如图5-186所示。

图5-183

图5-185

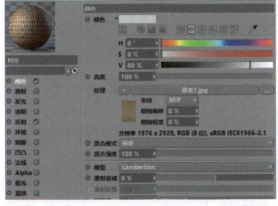

图5-184

图5-186

**10** 在材质窗口的空白处双击，新建一个"材质"，如图5-187所示。

**11** 双击"材质"，进入材质编辑器。进入"颜色"通道，将"H"修改为"0°"，将"S"修改为"0%"，将"V"修改为"58%"，如图5-188所示。

**12** 在材质窗口中，将"材质"重命名为"绳子"，如图5-189所示。

**13** 在透视视图界面下，将材质"绳子"赋予"绳子"图层，如图5-190所示。

图5-187

图5-189

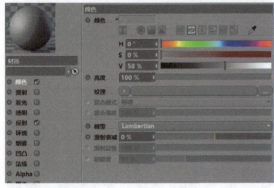

图5-188

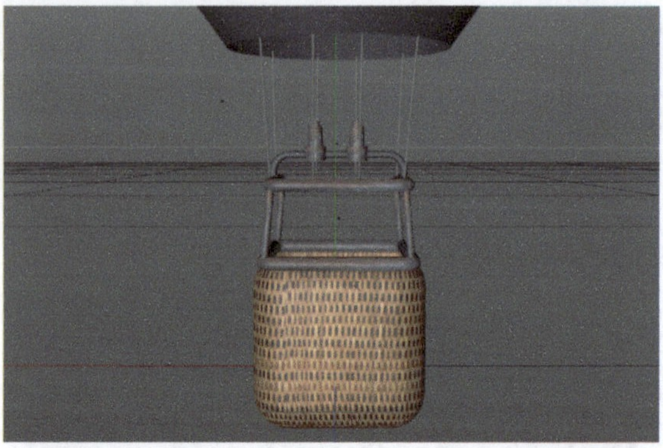

图5-190

**14** 根据图5-191所示的色值，在材质窗口的空白处双击新建7个"材质"，进入"颜色"通道，分别修改为不同的颜色。

**15** 在材质窗口中，将"材质"分别重命名为"赤色""橙色""黄色""绿色""青色""蓝色""紫色"，如图5-192所示。

**16** 在透视视图界面下，将材质"赤色""橙色""黄色""绿色""青色""蓝色""紫色"分别赋予"热气球"图层不同的面，效果如图5-193所示。

赤色【RGB】255, 0, 0 【CMYK】0, 100, 100, 0
橙色【RGB】255, 165, 0 【CMYK】0, 35, 100, 0
黄色【RGB】255, 255, 0 【CMYK】0, 0, 100, 0
绿色【RGB】0, 255, 0 【CMYK】100, 0, 100, 0
青色【RGB】0, 127, 255 【CMYK】100, 50, 0, 0
蓝色【RGB】0, 0, 255 【CMYK】100, 100, 0, 0
紫色【RGB】139, 0, 255 【CMYK】45, 100, 0, 0

图5-191

图5-192

图5-193

**17** 单击鼠标滑轮调出四视图，在右视图窗口上单击鼠标滑轮，进入右视图界面。在右视图界面下，在上方的工具栏中，选择"曲线工具组"中的"画笔"工具。在右视图界面下，使用"画笔"工具绘制图5-194所示的线段。

**18** 在工具栏中，选择"NURBS"中的"挤压"，如图5-195所示。

图5-194

图5-195

**19** 在对象窗口中，将"样条"拖曳至"挤压"内，使其成为"挤压"的子集，并将"挤压"重命名为"背景"，如图5-196所示。

**20** 在"背景"窗口中，选择"对象"，在"对象属性"中，将"移动"中"X"的数值修改为"10000 cm"，如图5-197所示。

**21** 单击鼠标滑轮调出四视图，在透视视图窗口上单击鼠标滑轮，进入透视视图界面，如图5-198所示。

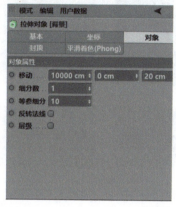

图5-196

图5-197

图5-198

**22** 在材质窗口的空白处双击，新建一个"材质"，如图5-199所示。

**23** 双击"材质"，进入材质编辑器。进入"颜色"通道，将"H"修改为"220°"，将"S"修改为"60%"，将"V"修改为"88%"，如图5-200所示。

**24** 在材质窗口中，将"材质"重命名为"背景"，如图5-201所示。

**25** 将材质"背景"赋予"背景"图层，如图5-202所示。

图5-199

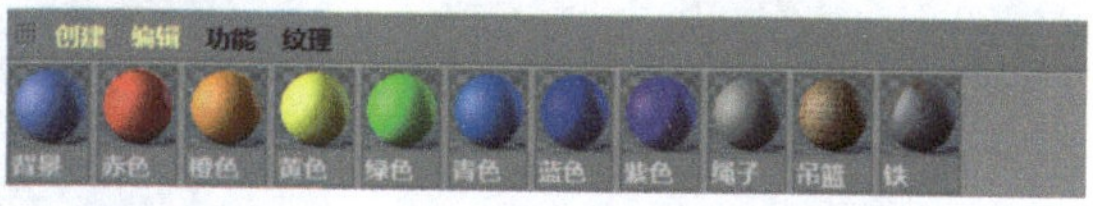

图5-201

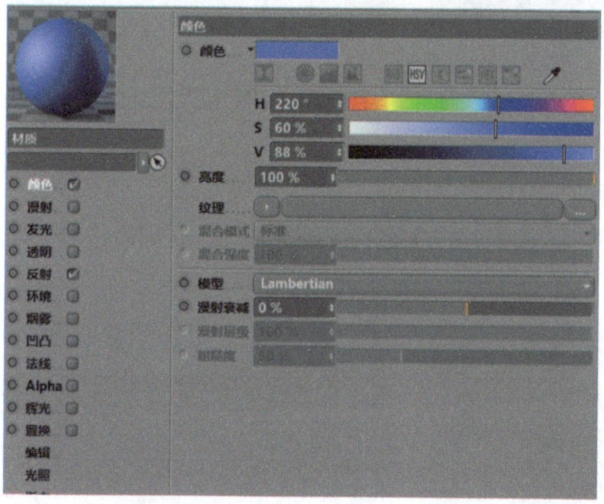

图5-200

图5-202

**26** 在透视视图界面下，在工具栏中，选择"场景设定"中的"天空"，如图5-203所示。

**27** 在材质窗口的空白处双击，新建一个"材质"，如图5-204所示。

**28** 双击"材质"，进入材质编辑器。进入"颜色"通道，将"H"修改为"220°"，将"S"修改为"0%"，将"V"修改为"100%"，如图5-205所示。

**29** 在材质窗口中，将"材质"重命名为"天空"，如图5-206所示。

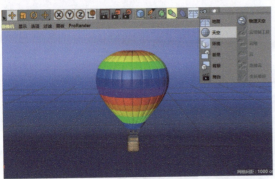

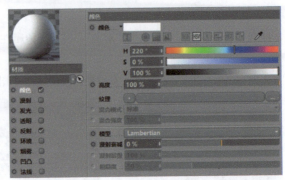

图5-203                                                          图5-205

图5-204                                                          图5-206

**30** 在对象窗口中,将材质"天空"赋予"天空"图层,如图5-207所示。

**31** 在工具栏中,选择"场景设定"中的"物理天空",如图5-208所示。

**32** 在"物理天空"窗口中,选择"太阳",将"强度"修改为"80%",如图5-209所示。

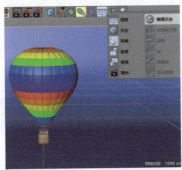

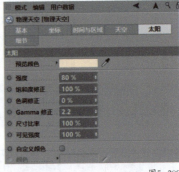

图5-207                            图5-208                            图5-209

**33** 在对象窗口中,选择"物理天空",单击鼠标右键,在弹出的快捷菜单中选择"CINEMA 4D标签"中的
"合成",如图5-210所示。

**34** 在"合成"窗口中,勾选"标签属性"中的"合成背景",如图5-211所示。

**35** 在对象窗口中,同时选择"背景""天空""物理天空",按【Alt+G】组合键进行编组,并重命名为"背
景",如图5-212所示。

图5-210                            图5-211                            图5-212

**36** 在工具栏中选择"编辑渲染设置",如图5-213所示。

**37** 在渲染设置中，勾选"多通道"，同时选择"效果"中的"全局光照"，如图5-214所示。

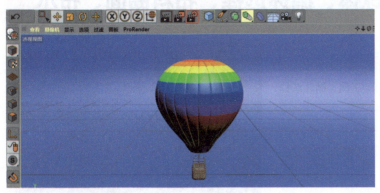

图5-213　　　　　　　　　　　　　　　　　　　　　　　图5-214

**38** 在"全局光照"中选择"辐照缓存"，并将"记录密度"修改为"高"，如图5-215所示。

**39** 在渲染设置中，勾选"多通道"，同时选择"效果"中的"环境吸收"，如图5-216所示。

**40** 在"环境吸收"中选择"缓存"，并将"记录密度"修改为"高"，如图5-217所示。

图5-215　　　　　　　　　　　图5-216　　　　　　　　　　　图5-217

**41** 在工具栏中选择"渲染到图片查看器"，如图5-218所示。

**42** 渲染后的效果如图5-219所示。

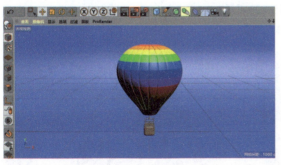

图5-218　　　　　　　　　　　　　　　　　　　　　　　图5-219

本案例到此已全部完成。

🔗 **案例知识点一览**　　（1）参数化对象：球体、圆柱

（2）NURBS：细分曲面、挤压、扫描

（3）造型工具组：对称

（4）变形工具组：锥化

（5）曲线工具组：画笔、圆环、矩形

## 5.3 南瓜灯——球体、循环选择、布料曲面、布尔

本节讲解南瓜灯模型的制作方法。在一些有关万圣节主题的设计中，南瓜灯几乎是必备元素。在CINEMA 4D中，南瓜灯需要使用球体模型配合画笔工具、循环选择、布料曲面、布尔等功能制作完成。

### 学习目标

通过本节的学习，读者将掌握南瓜灯模型的制作方法。

### 主要知识点

球体、循环选择、布料曲面、布尔

### 5.3.1 南瓜灯的建模

*01* 打开CINEMA 4D，进入默认的透视视图界面。单击鼠标滑轮调出四视图，如图5-220所示。在正视图窗口上单击鼠标滑轮，进入正视图界面。

*02* 在正视图界面下，按【Shift+V】组合键调出"视窗"，选择"背景"，如图5-221所示。

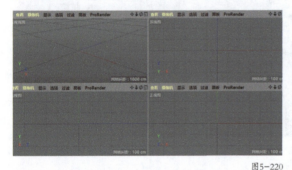

图5-220　　　　　　　　　　　　　　　　　　　　　　　图5-221

*03* 在"背景"中，单击"图像"后面的加载按钮，选择"加载图像"，将素材"南瓜灯"置入，将"水平偏移"修改为"6"，同时将"透明"修改为"50%"，如图5-222所示。

*04* 在上方的工具栏中，选择"参数化对象"中的"球体"对象，如图5-223所示。

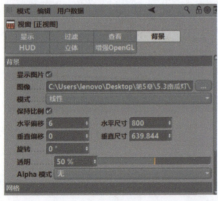

图5-222　　　　　　　　　　　　　　　　　　　　　　　图5-223

*05* 在"球体"窗口中，选择"对象"，将"半径"修改为"270 cm"，将"分段"修改为"12"，如图5-224所示。

*06* 在正视图界面下，按小黄点将"球体"对象扩大到图5-225所示的效果。在左侧的编辑模式工具栏中选择

"转为可编辑对象"或按【C】键将"球体"对象转化为可编辑对象。

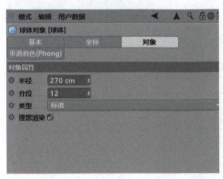

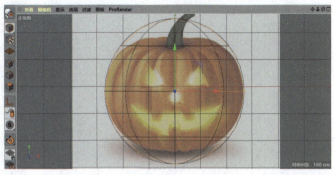

图5-224                                                                    图5-225

**07** 在正视图界面下，按【T】键切换到"缩放"工具，调整"球体"对象的大小，如图5-226所示。

**08** 在左侧的编辑模式工具栏中，选择"点模式"，在正视图界面下，选择图5-227所示的点，按【E】键切换到"移动"工具，按住鼠标左键，逆着绿色的箭头向下拖曳，效果如图5-227所示。

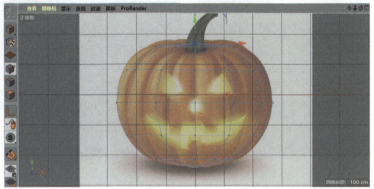

图5-226                                                                    图5-227

**09** 在正视图界面下，选择图5-228所示的点，按【E】键切换到"移动"工具，按住鼠标左键，沿着绿色的箭头向上拖曳，效果如图5-228所示。

**10** 单击鼠标滑轮调出四视图，如图5-229所示。在透视视图窗口上单击鼠标滑轮，进入透视视图界面。

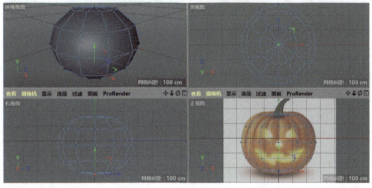

图5-228                                                                    图5-229

**11** 在左侧的编辑模式工具栏中，选择"面模式"，在透视视图界面下，按【U+L】组合键进行循环选择，选择图5-230所示的面。

**12** 在透视视图界面下，在空白处单击鼠标右键，在弹出的快捷菜单中选择"倒角"，如图5-231所示。

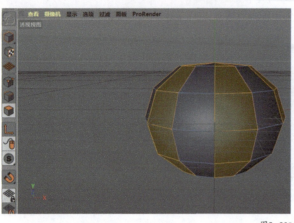

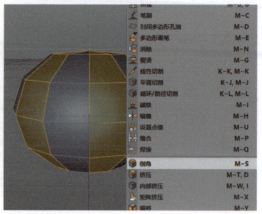

图5-230

图5-231

**13** 在"倒角"窗口中，将"偏移"修改为"14 cm"，如图5-232所示。

**14** 透视视图界面中的效果如图5-233所示。

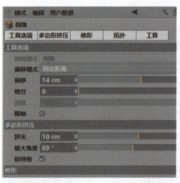

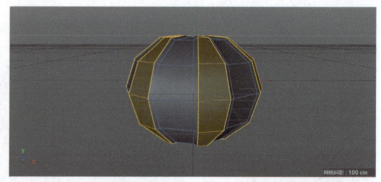

图5-232

图5-233

**15** 在透视视图界面下，按【U+L】组合键进行循环选择，选择图5-234所示的面，在空白处单击鼠标右键，在弹出的快捷菜单中选择"倒角"。

**16** 在"倒角"窗口中，将"偏移"修改为"14 cm"，如图5-235所示。

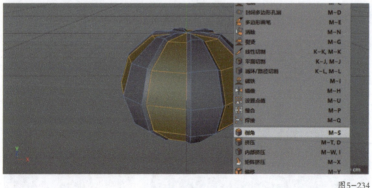

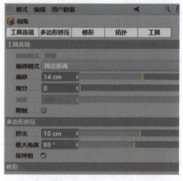

图5-234

图5-235

**17** 在主菜单栏中，选择"模拟-布料-布料曲面"，如图5-236所示。

**18** 在对象窗口中，将"球体"拖曳至"布料曲面"内，使其成为"布料曲面"的子集，如图5-237所示。

**19** 在"布料曲面"窗口中，选择"对象"，将"厚度"修改为"5 cm"，如图5-238所示。

**20** 在上方的工具栏中，选择"NURBS"中的"细分曲面"，如图5-239所示。

**21** 在对象窗口中，将"布料曲面"拖曳至"细分曲面"内，使其成为"细分曲面"的子集，并将"细分曲面"重命名为"南瓜"，如图5-240所示。

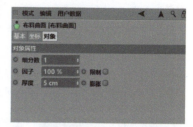

图5-236 图5-237 图5-238

图5-239 图5-240

## 5.3.2 五官的建模

**01** 单击鼠标滑轮调出四视图，在正视图界面上单击鼠标滑轮，进入正视图界面。在上方的工具栏中，选择"曲线工具组"中的"画笔"工具，如图5-241所示。

**02** 在正视图界面下，使用"画笔"工具绘制图5-242所示的线段。

图5-241 图5-242

**03** 在工具栏中，选择"NURBS"中的"放样"，如图5-243所示。

**04** 在对象窗口中，将"样条"拖曳至"放样"内，使其成为"放样"的子集，如图5-244所示。

图5-243 图5-244

**05** 在对象窗口中，选择"放样"。在左侧的编辑模式工具栏中选择"转为可编辑对象"或按【C】键将"放样"转化为可编辑对象，如图5-245所示。

**06** 在左侧的编辑模式工具栏中，选择"面模式"。在透视视图界面下，选择图5-246所示的面，在空白处单击鼠标右键，在弹出的快捷菜单中选择"挤压"。

**07** 在"挤压"窗口中，将"偏移"修改为"60 cm"，并勾选"创建封顶"，如图5-247所示。

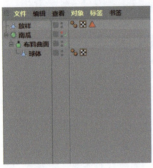
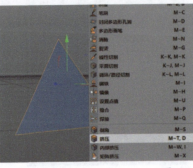
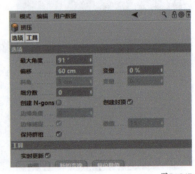

图5-245　　　　　　　　　　图5-246　　　　　　　　　　图5-247

**08** 在透视视图界面下，按【T】键切换到"缩放"工具，按住鼠标左键在空白处进行拖曳，效果如图5-248所示。

**09** 在透视视图界面下，按【E】键切换到"移动"工具，调整"放样"的位置。在工具栏中，选择"造型工具组"中的"对称"，如图5-249所示。

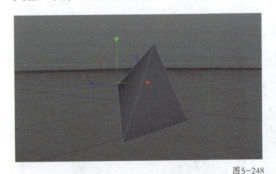

图5-248　　　　　　　　　　　　　　　　　图5-249

**10** 在对象窗口中，将"放样"拖曳至"对称"内，使其成为"对称"的子集，并将"对称"重命名为"眼睛"，如图5-250所示。

**11** 在正视图界面下，使用"画笔"工具绘制图5-251所示的线段。

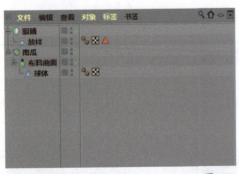

图5-250　　　　　　　　　　　　　　　　　图5-251

**12** 使用制作眼睛的方式，制作鼻子，如图5-252所示。

**13** 在透视视图界面下，按【E】键切换到"移动"工具，调整"放样"的位置，如图5-253所示。

**14** 在对象窗口中，将"放样"重命名为"鼻子"，如图5-254所示。

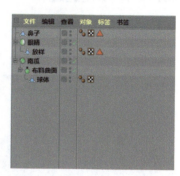

图5-252　　　　　　　　　　图5-253　　　　　　　　　　图5-254

**15** 在正视图界面下，使用"画笔"工具绘制图5-255所示的线段。

**16** 使用制作眼睛和鼻子的方式，制作嘴巴，如图5-256所示。

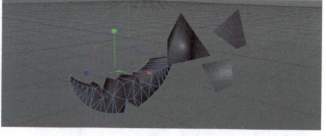

图5-255　　　　　　　　　　　　　　　　　　图5-256

**17** 在透视视图界面下，按【E】键切换到"移动"工具，调整"放样"的位置，如图5-257所示。

**18** 在对象窗口中，同时选择"眼睛""鼻子""嘴巴"，按【Alt+G】组合键进行编组，并重命名为"五官"，如图5-258所示。

**19** 在工具栏中，选择"造型工具组"中的"布尔"，如图5-259所示。

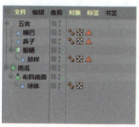

图5-257　　　　　　　　　　图5-258　　　　　　　　　　图5-259

**20** 在对象窗口中，将"五官"和"南瓜"拖曳至"布尔"内，使其成为"布尔"的子集，如图5-260所示。

**21** 透视视图界面中的效果如图5-261所示。

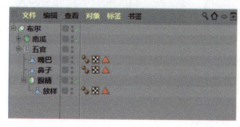

图5-260　　　　　　　　　　　　　　　　　　图5-261

### 5.3.3 南瓜梗的建模

**01** 在上方的工具栏中，选择"参数化对象"中的"圆柱"对象，如图5-262所示。

**02** 在左侧的编辑模式工具栏中，选择"转为可编辑对象"，然后选择"视窗单体独显"，如图5-263所示。

图5-262

图5-263

**03** 在工具栏中，选择"变形工具组"中的"置换"，如图5-264所示。

**04** 在对象窗口中，将"置换"拖曳至"圆柱"内，使其成为"圆柱"的子集，并将"圆柱"重命名为"南瓜梗"，如图5-265所示。

图5-264

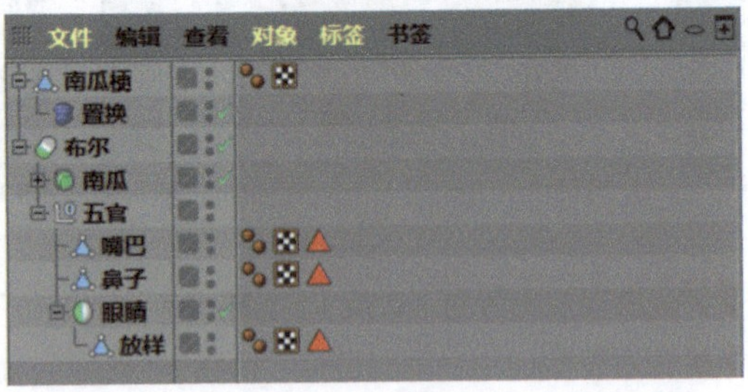

图5-265

**05** 在"置换"窗口中，选择"着色"，在"着色器"中选择"噪波"，如图5-266所示。

**06** 在"置换"窗口中，选择"对象"，将"强度"修改为"300%"，如图5-267所示。

**07** 在左侧的编辑模式工具栏中，选择"面模式"，选择"圆柱"对象的上下两个面，如图5-268所示。

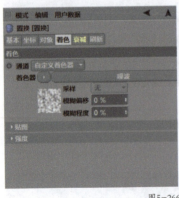

图5-266

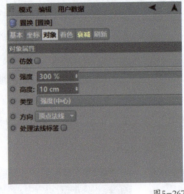

图5-267

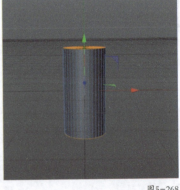

图5-268

**08** 按【Delete】键将选中的面删除，如图5-269所示。

**09** 在透视视图界面下，在空白处单击鼠标右键，在弹出的快捷菜单中选择"封闭多边形孔洞"，如图5-270所示。

**10** 在透视视图界面下，封闭"圆柱"对象的上下两个面，如图5-271所示。

图5-269

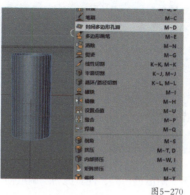
图5-270

图5-271

**11** 在左侧的编辑模式工具栏中，选择"面模式"。在透视视图界面下，选择图5-272所示的面，按【E】键切换到"移动"工具，按住鼠标左键，逆着红色的箭头向左拖曳。

**12** 在透视视图界面下，选择图5-273所示的面，按【T】键切换到"缩放"工具，调整大小。

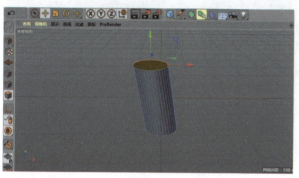
图5-272

图5-273

**13** 在对象窗口中，在"南瓜梗"图层上单击鼠标右键，在弹出的快捷菜单中选择"当前状态转对象"，如图5-274所示。

**14** 在透视视图界面下，按【E】键切换到"移动"工具，调整"南瓜梗"的位置，按【R】键切换到"旋转"工具，调整"南瓜梗"的角度，如图5-275所示。

图5-274

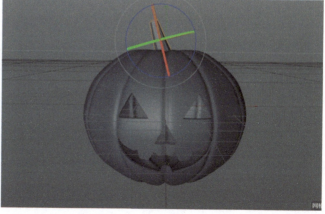
图5-275

**15** 在工具栏中，选择"变形工具组"中的"扭曲"，如图5-276所示。

**16** 在透视视图界面下，按【R】键切换到"旋转"工具，调整"南瓜梗"的角度。在"扭曲"窗口中，增加"扭曲"的强度，如图5-277所示。

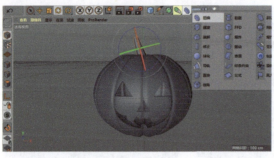
图5-276

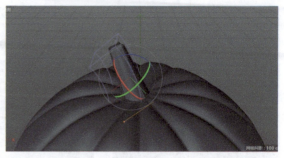
图5-277

**17** 在对象窗口中，将"扭曲"拖曳至"南瓜梗"内，使其成为"南瓜梗"的子集，如图5-278所示。

**18** 透视视图界面中的效果如图5-279所示。

**19** 在对象窗口中，在"南瓜梗"图层上单击鼠标右键，在弹出的快捷菜单中选择"当前状态转对象"，如图5-280所示。

图5-278

图5-279

图5-280

### 5.3.4 南瓜灯的渲染

**01** 在材质窗口的空白处双击，新建一个"材质"，如图5-281所示。

**02** 双击"材质"，进入材质编辑器。进入"颜色"通道，选择"纹理"中的"加载图像"，如图5-282所示。

图5-281

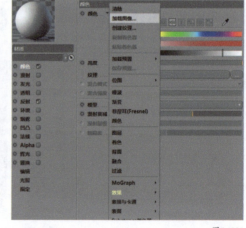
图5-282

**03** 将素材"南瓜叶"置入，如图5-283所示。

**04** 进入"Alpha"通道，选择"纹理"中的"加载图像"，如图5-284所示。

**05** 将素材"南瓜叶"置入，如图5-285所示。

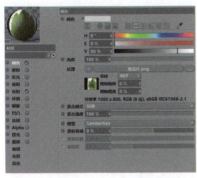

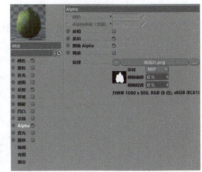

图5-283           图5-284           图5-285

**06** 在材质窗口中，将"材质"重命名为"南瓜叶"，如图5-286所示。

**07** 在上方的工具栏中，选择"参数化对象"中的"平面"，如图5-287所示。

**08** 在透视视图界面下，将材质"南瓜叶"赋予"平面"图层，如图5-288所示。

图5-286

图5-287

图5-288

**09** 在工具栏中，选择"变形工具组"中的"扭曲"，在透视视图界面下，调整"扭曲"的角度和强度，然后将"扭曲"拖曳至"平面"内，使其成为"平面"的子集，如图5-289所示。

**10** 在"扭曲"窗口中，将"强度"修改为"75°"，勾选"保持纵轴长度"，并单击"匹配到父级"，如图5-290所示。

**11** 透视视图界面中的效果如图5-291所示。

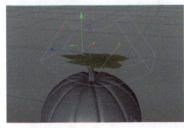

图5-289

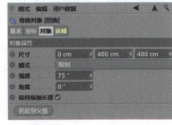

图5-290

图5-291

**12** 在透视视图界面下，按【E】键切换到"移动"工具，调整"平面"的位置，效果如图5-292所示。

**13** 在对象窗口中，同时选择"南瓜叶""南瓜梗""南瓜"，按【Alt+G】组合键进行编组，并重命名为"南瓜灯"，如图5-293所示。

**14** 在材质窗口的空白处双击，新建一个"材质"，如图5-294所示。

**15** 双击"材质"，进入材质编辑器。进入"颜色"通道，选择"纹理"中的"渐变"，如图5-295所示。

**16** 进入"着色器"，单击前面的"渐变色标设置"，将"H"修改为"20°"，将"S"修改为"95%"，将"V"

修改为"80%",并单击"确定"按钮,如图5-296所示。

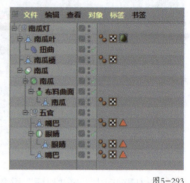

图5-292

图5-293

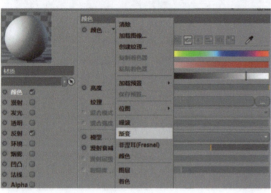

图5-294

图5-295

图5-296

**17** 单击后面的"渐变色标设置",将"H"修改为"35°",将"S"修改为"80%",将"V"修改为"95%",并单击"确定"按钮,如图5-297所示。

**18** 在材质窗口中,将"材质"重命名为"南瓜",如图5-298所示。

**19** 在对象窗口中,将材质"南瓜"赋予"南瓜"和"五官"图层,如图5-299所示。

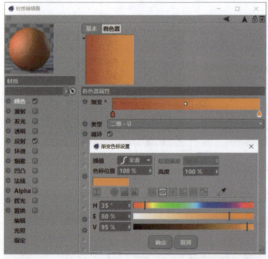

图5-297

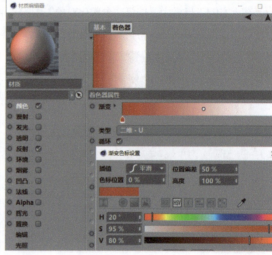

图5-298

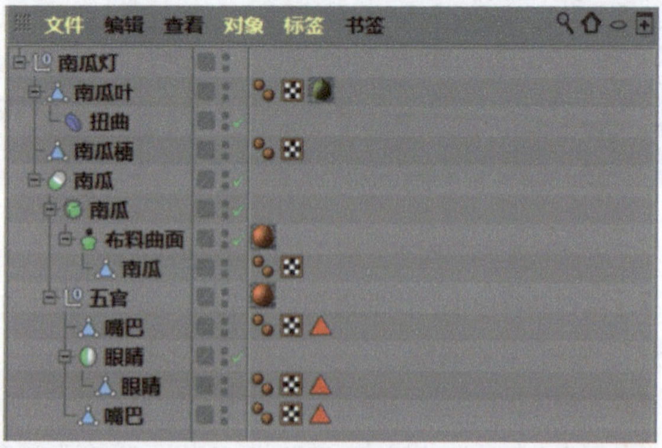

图5-299

**20** 在材质窗口的空白处双击,新建一个"材质",如图5-300所示。

**21** 双击"材质"，进入材质编辑器。进入"颜色"通道，将"H"修改为"88°"，将"S"修改为"91%"，将"V"修改为"35%"，如图5-301所示。

**22** 在材质窗口中，将"材质"重命名为"南瓜梗"，如图5-302所示。

**23** 透视视图界面中的效果如图5-303所示。

图5-300

图5-302

图5-301

图5-303

**24** 在工具栏中，选择"灯光设定"中的"灯光"，如图5-304所示。

**25** 在"灯光"窗口中，选择"常规"，将"H"修改为"50°"，将"S"修改为"85%"，将"V"修改为"100%"，将"强度"修改为"160%"，如图5-305所示。

图5-304

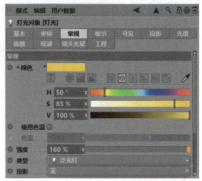

图5-305

**26** 单击鼠标滑轮调出四视图，在右视图窗口上单击鼠标滑轮，进入右视图界面。在右视图界面下，在上方的工具栏中，选择"曲线工具组"中的"画笔"工具。在右视图界面下，使用"画笔"工具绘制图5-306所示的线段。

**27** 在工具栏中，选择"NURBS"中的"挤压"，如图5-307所示。

**28** 在对象窗口中，将"样条"拖曳至"挤压"内，使其成为"挤压"的子集，并将"挤压"重命名为"背景"，如图5-308所示。

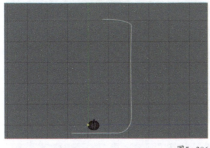

图5-306

图5-307

图5-308

**29** 在"背景"窗口中，选择"对象"，在"对象属性"中，将"移动"中"X"的数值修改为"10000 cm"，如图5-309所示。

**30** 单击鼠标滑轮调出四视图，在透视视图窗口上单击鼠标滑轮，进入透视视图界面，如图5-310所示。

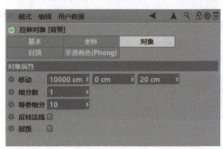

图5-309                                                                                                            图5-310

**31** 在材质窗口的空白处双击，新建一个"材质"，如图5-311所示。

**32** 双击"材质"，进入材质编辑器。进入"颜色"通道，将"H"修改为"88°"，将"S"修改为"0%"，将"V"修改为"0%"，如图5-312所示。

**33** 在材质窗口中，将"材质"重命名为"背景"，如图5-313所示。

**34** 将材质"背景"赋予"背景"图层，如图5-314所示。

图5-311

图5-313

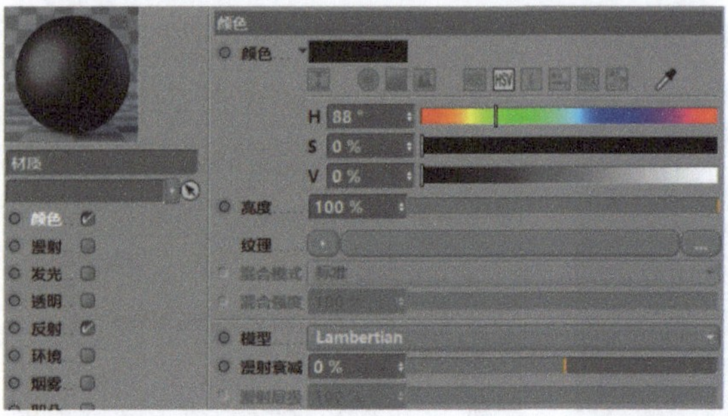

图5-312

图5-314

**35** 在透视视图界面下，在工具栏中，选择"场景设定"中的"天空"，如图5-315所示。

**36** 在材质窗口的空白处双击，新建一个"材质"，如图5-316所示。

**37** 双击"材质"，进入材质编辑器。进入"颜色"通道，将"H"修改为"88°"，将"S"修改为"0%"，将"V"修改为"100%"，如图5-317所示。

**38** 在材质窗口中，将"材质"重命名为"天空"，如图5-318所示。

图5-315

图5-317

图5-316

图5-318

**39** 在对象窗口中，将材质"天空"赋予"天空"图层，如图5-319所示。

**40** 在工具栏中，选择"场景设定"中的"物理天空"，如图5-320所示。

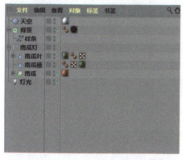

图5-319

图5-320

**41** 在"物理天空"窗口中，选择"太阳"，将"强度"修改为"40%"，如图5-321所示。

**42** 在对象窗口中，选择"物理天空"，单击鼠标右键，在弹出的快捷菜单中选择"CINEMA 4D标签"中的"合成"，如图5-322所示。

**43** 在"合成"窗口中，勾选"标签属性"中的"合成背景"，如图5-323所示。

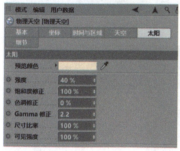

图5-321

图5-322

图5-323

**44** 在对象窗口中，同时选择"背景""天空""物理天空""灯光"，按【Alt+G】组合键进行编组，并重命名为"背景"，如图5-324所示。

**45** 在工具栏中选择"编辑渲染设置"，如图5-325所示。

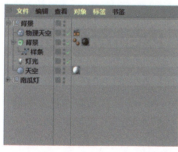

图5-324

图5-325

**46** 在渲染设置中，勾选"多通道"，同时选择"效果"中的"全局光照"，如图5-326所示。

**47** 在"全局光照"中选择"辐照缓存"，并将"记录密度"修改为"高"，如图5-327所示。

**48** 在渲染设置中，勾选"多通道"，同时选择"效果"中的"环境吸收"，如图5-328所示。

**49** 在"环境吸收"中选择"缓存"，并将"记录密度"修改为"高"，如图5-329所示。

**50** 在工具栏中选择"渲染到图片查看器"，如图5-330所示。

图5-326

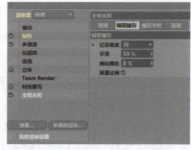
图5-327

图5-328

图5-329

图5-330

**51** 渲染后的效果如图 5-331 所示。

本案例到此已全部完成。

🔗 **案例知识点一览** （1）参数化对象：球体、圆柱、平面

（2）NURBS：细分曲面

（3）模拟：布料曲面

（4）造型工具组：对称、布尔

（5）变形工具组：扭曲、置换

（6）曲线工具组：画笔

（7）对象和样条的编辑操作与选择：倒角

图5-331

# 5.4 旋转木马——圆柱、管道、星形、内部挤压、克隆

　　本节讲解旋转木马模型的制作方法。起初，为了吸引顾客，一些小店主会在店门口摆木马摇椅，后来有聪明人把木马摇椅用木架托起来，围成圆圈，借助人力或牲畜使它们开始旋转。当蒸汽机发明后，旋转木马也开始更新换代，人们用蒸汽机作为其动力，蒸汽机轰隆隆地吐出白气，弥漫四周，彩色的木马仿佛在云端雾气中穿行，十分华丽，因此旋转木马也被看作是"浪漫"的代名词。在电商平面设计中，旋转木马常作为辅助元素出现。在CINEMA 4D中，旋转木马模型需要使用球体、圆柱、管道、圆盘等模型配合克隆、放样、内部挤压、挤压等功能制作完成。本案例可以配套的"飞机"素材作为装饰元素。

案例最终效果图展示

图文教程

CINEMA 4D

旋转木马建模及渲染

DESIGN BY ANQI

通过本节的学习，读者将掌握旋转木马模型的制作方法。

**主要知识点**

圆柱、管道、星形、内部挤压、克隆

## 5.4.1 旋转装置的建模

**01** 打开CINEMA 4D，进入默认的透视视图界面。在透视视图界面下，在上方的工具栏中，选择"参数化对象"中的"圆柱"，如图5-332所示。

**02** 在"圆柱"窗口中，选择"对象"，将"半径"修改为"170 cm"，将"高度"修改为"20 cm"，如图5-333所示。

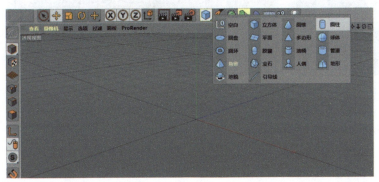
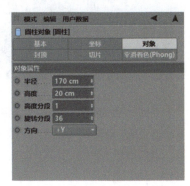

图5-332    图5-333

**03** 在"圆柱"窗口中，选择"封顶"，勾选"圆角"，将"半径"修改为"5 cm"，如图5-334所示。

**04** 透视视图界面中的效果如图5-335所示。

**05** 在对象窗口中，将"圆柱"重命名为"底座"，如图5-336所示。

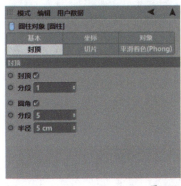
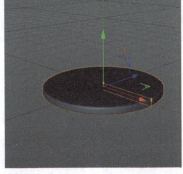

图5-334    图5-335    图5-336

**06** 在透视视图界面下，在上方的工具栏中，选择"参数化对象"中的"圆柱"。在"圆柱"窗口中，选择"对象"，将"半径"修改为"23 cm"，将"高度"修改为"220 cm"，如图5-337所示。

**07** 透视视图界面中的效果如图5-338所示。

**08** 在对象窗口中，将"圆柱"重命名为"立柱"，如图5-339所示。

**09** 在工具栏中，选择"参数化对象"中的"圆盘"，如图5-340所示。

**10** 单击鼠标滑轮调出四视图，如图5-341所示。在顶视图窗口上单击鼠标滑轮，进入顶视图界面。

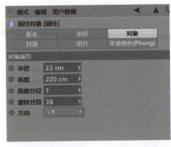
图5-337

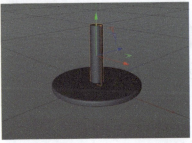
图5-338

图5-339

图5-340

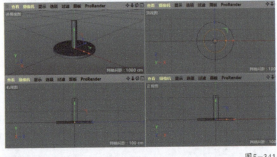
图5-341

**11** 在顶视图界面下，按小黄点，将"圆盘"扩大至图5-342所示。

**12** 单击鼠标滑轮调出四视图，在透视视图窗口上单击鼠标滑轮，进入透视视图界面。在透视视图界面下，按【E】键切换到"移动"工具，调整"圆盘"的位置，效果如图5-343所示。在左侧的编辑模式工具栏中选择"转为可编辑对象"。

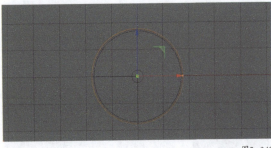
图5-342

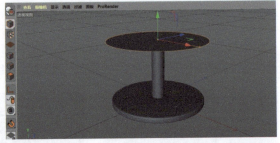
图5-343

**13** 在左侧的编辑模式工具栏中选择"面模式"，在透视视图界面下，按【Ctrl+A】组合键全选所有的面，如图5-344所示。

**14** 在透视视图界面下，在空白处单击鼠标右键，在弹出的快捷菜单中选择"挤压"，如图5-345所示。

图5-344

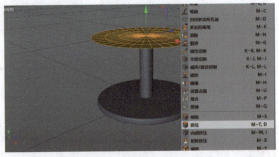
图5-345

**15** 在"挤压"窗口中，将"偏移"修改为"-35 cm"，同时勾选"创建封顶"，如图5-346所示。

**16** 在透视视图界面下，按【T】键切换到"缩放"工具，调整大小，按住鼠标左键在空白处进行拖曳，将选中的面缩小一些，如图5-347所示。

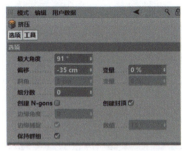
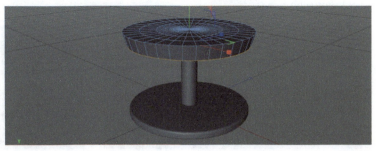

图5-346　　　　　　　　　　　　　　　　　　　　　　　　　图5-347

**17** 在工具栏中选择"实时选择"工具，在透视视图界面下，使用"实时选择"工具选择图5-348所示的面。

**18** 单击鼠标滑轮调出四视图，在顶视图窗口上单击鼠标滑轮，进入顶视图界面，如图5-349所示。

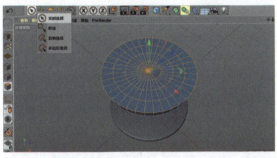
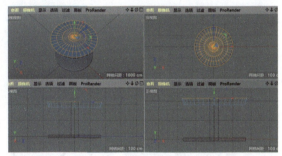

图5-348　　　　　　　　　　　　　　　　　　　　　　　　　图5-349

**19** 在顶视图界面下，在空白处单击鼠标右键，在弹出的快捷菜单中选择"内部挤压"，如图5-350所示。

**20** 在"内部挤压"窗口中，将"偏移"修改为"10 cm"，如图5-351所示。

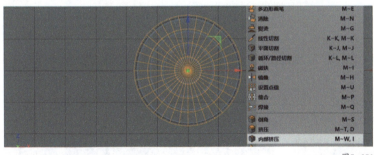

图5-350　　　　　　　　　　　　　　　　　　　　　　　　　图5-351

**21** 在顶视图界面下，按住鼠标左键，在空白处进行拖曳，将选中的面缩小一些，如图5-352所示。

**22** 在右视图界面下，按住鼠标左键的同时按住【Ctrl】键，逆着绿色的箭头向下拖曳出一定的高度，并按【T】键切换到"缩放"工具，按住鼠标左键在空白处进行拖曳，将选中的面缩小至图5-353所示。

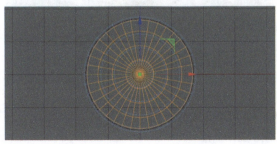
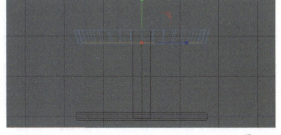

图5-352　　　　　　　　　　　　　　　　　　　　　　　　　图5-353

**23** 透视视图界面中的效果如图5-354所示。

**24** 在右视图界面下，按住鼠标左键的同时按住【Ctrl】键，沿着绿色的箭头，将选中的面向上拖曳出一定的高度，效果如图5-355所示。

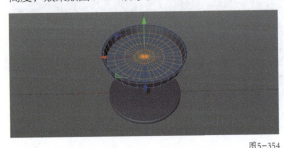

图5-354

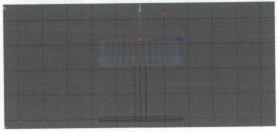

图5-355

**25** 在右视图界面下，按【T】键切换到"缩放"工具，按住鼠标左键在空白处进行拖曳，效果如图5-356所示。

**26** 透视视图界面中的效果如图5-357所示。

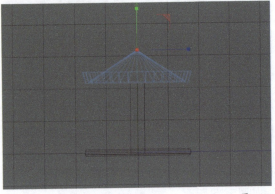

图5-356

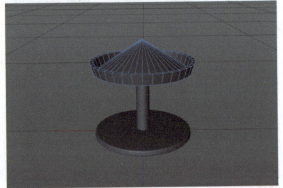

图5-357

## 5.4.2 装饰物的建模

**01** 在左侧的编辑模式工具栏中选择"边模式"，在透视视图界面中，按【K+L】组合键进行循环切割，在图5-358所示的位置切割出两条线段。

**02** 在左侧的编辑模式工具栏中选择"面模式"，在工具栏中选择"实时选择"工具，在透视视图界面下，使用"实时选择"工具选择图5-359所示的面。

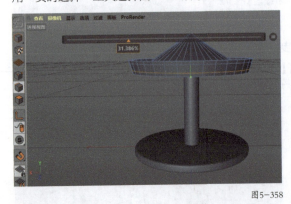

图5-358

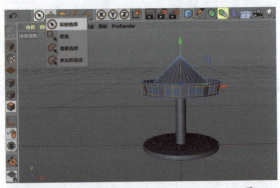

图5-359

**03** 在透视视图界面下，在空白处单击鼠标右键，在弹出的快捷菜单中选择"偏移"，如图5-360所示。

**04** 在"偏移"窗口中，将"偏移"修改为"6.5 cm"，如图5-361所示。

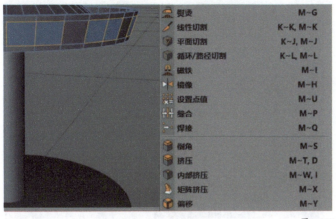

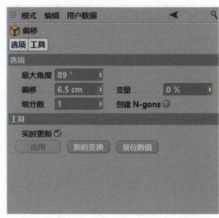

图5-360　　　　　　　　　　　　图5-361

**05** 透视视图界面中的效果如图5-362所示。

**06** 在工具栏中，选择"曲线工具组"中的"星形"，如图5-363所示。

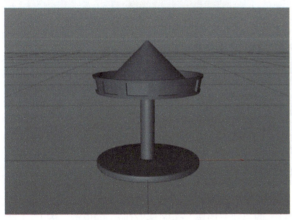

图5-362　　　　　　　　　　　　图5-363

**07** 在"星形"窗口中，将"点"修改为"5"，如图5-364所示。

**08** 在工具栏中，选择"NURBS"中的"放样"，如图5-365所示。

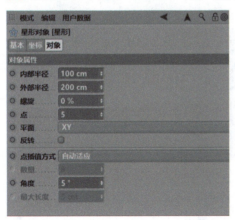

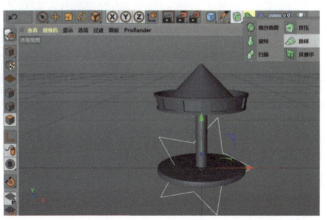

图5-364　　　　　　　　　　　　图5-365

**09** 在对象窗口中，将"星形"拖曳至"放样"内，使其成为"放样"的子集，如图5-366所示。

**10** 在左侧的编辑模式工具栏中，选择"面模式"。在透视视图界面下，使用"实时选择"工具选择图5-367所示的面，在空白处单击鼠标右键，在弹出的快捷菜单中选择"挤压"。

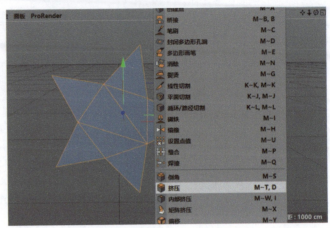

图5-366　　　　　　　　　　　　　　　　　　　　　　　　　　图5-367

**11** 在"挤压"窗口中，将"偏移"修改为"20 cm"，同时勾选"创建封顶"，如图5-368所示。

**12** 透视视图界面中的效果如图5-369所示。

**13** 在对象窗口中，将当前图层分别重命名为"底座""立柱""顶篷""五角星"，如图5-370所示。

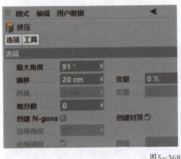

图5-368　　　　　　　　　　　　图5-369　　　　　　　　　　　　图5-370

**14** 在透视视图界面下，按【E】键切换到"移动"工具，调整"五角星"至图5-371所示的位置，按【T】键切换到"缩放"工具，调整"五角星"至图5-371所示的大小，按【R】键切换到"旋转"工具，调整"五角星"至图5-371所示的角度。

**15** 复制几个"五角星"，分别调整位置和角度至图5-372所示。

图5-371　　　　　　　　　　　　　　　　　　　　　　　　　　图5-372

**16** 在对象窗口中，同时选择所有的"五角星"，按【Alt+G】组合键进行编组，并重命名为"五角星"，如图5-373所示。

**17** 在工具栏中，选择"参数化对象"中的"球体"，如图5-374所示。

**18** 在"球体"窗口中，选择"对象"，将"半径"修改为"4cm"，如图5-375所示。

**19** 在主菜单栏中，选择"运动图形"中的"克隆"，如图5-376所示。

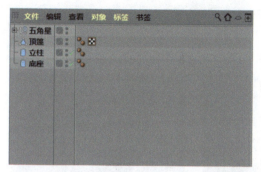

图5-373

图5-374

图5-375

图5-376

**20** 在对象窗口中，将"球体"拖曳至"克隆"内，使其成为"克隆"的子集，如图5-377所示。

**21** 在"克隆"窗口中，选择"对象"，将"模式"修改为"放射"，将"数量"修改为"25"，将"半径"修改为"175 cm"，将"平面"修改为"XZ"，如图5-378所示。

**22** 在对象窗口中，复制一份"克隆"，如图5-379所示。

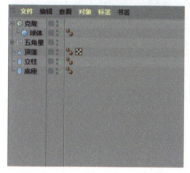

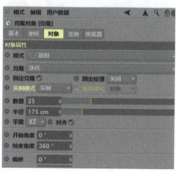

图5-377

图5-378

图5-379

**23** 在"克隆"窗口中，将"半径"修改为"167 cm"，如图5-380所示。

**24** 在透视视图界面下，按【E】键切换到"移动"工具，调整"克隆"至图5-381所示的位置。

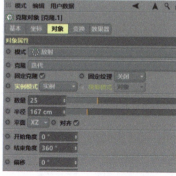

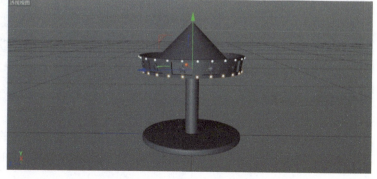

图5-380

图5-381

137

**25** 在工具栏中，选择"参数化对象"中的"管道"，如图5-382所示。

**26** 在"管道"窗口中，选择"对象"，将"内部半径"修改为"7 cm"，将"外部半径"修改为"10 cm"，将"高度"修改为"6.5 cm"，同时勾选"圆角"，将"半径"修改为"0.5 cm"，如图5-383所示。

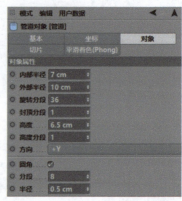

图5-382                                          图5-383

**27** 在透视视图界面下，按【E】键切换到"移动"工具，调整"管道"的位置，在工具栏中，选择"参数化对象"中的"球体"，如图5-384所示。

**28** 在"球体"窗口中，选择"对象"，将"半径"修改为"8 cm"，将"分段"修改为"60"，如图5-385所示。

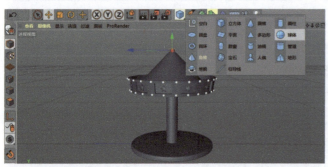

图5-384                                          图5-385

**29** 在透视视图界面下，按【E】键切换到"移动"工具，调整"球体"至图5-386所示的位置。在工具栏中，选择"参数化对象"中的"圆柱"。

**30** 在"圆柱"窗口中，选择"对象"，将"半径"修改为"1.5 cm"，将"高度"修改为"10 cm"，如图5-387所示。

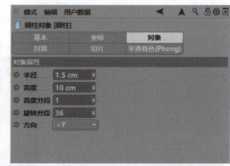

图5-386                                          图5-387

**31** 在透视视图界面下，按【E】键切换到"移动"工具，调整"圆柱"的位置，如图5-388所示。

**32** 在透视视图界面下，在工具栏中选择"实时选择"工具，使用"实时选择"工具选择图5-389所示的面，在空白处单击鼠标右键，在弹出的快捷菜单中选择"偏移"。

**33** 在"偏移"窗口中，将"偏移"修改为"-2.5 cm"，如图5-390所示。

图5-388

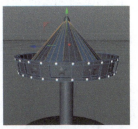
图5-389

图5-390

**34** 透视视图界面中的效果如图5-391所示。

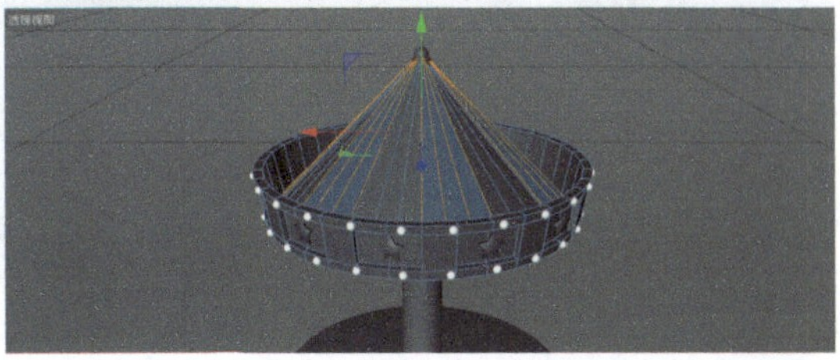

图5-391

## 5.4.3 飞机的建模

**01** 在透视视图界面下，将素材"飞机"置入，如图5-392所示。

**02** 在工具栏中，选择"参数化对象"中的"圆柱"。在"圆柱"窗口中，选择"对象"，将"半径"修改为"4 cm"，将"高度"修改为"200 cm"，如图5-393所示。

**03** 在透视视图界面下，按【E】键切换到"移动"工具，调整"圆柱"至图5-394所示的位置。

图5-392

图5-393

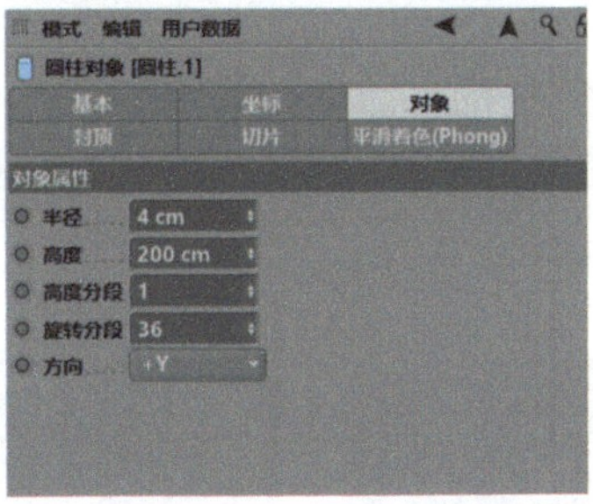

图5-394

**04** 在对象窗口中，同时选择"飞机"和"圆柱"，按【Alt+G】组合键进行编组，并重命名为"飞机组"，在主菜单栏中，选择"运动图形"中的"克隆"，将"飞机组"拖曳至"克隆"内，使其成为"克隆"的子集，如图5-395所示。

**05** 在"克隆"窗口中，选择"对象"，将"模式"修改为"放射"，将"数量"修改为"8"，将"半径"修改为"140 cm"，将"平面"修改为"XZ"，如图5-396所示。

**06** 透视视图界面中的效果如图5-397所示。

图5-395

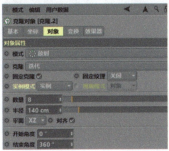
图5-396

图5-397

**07** 在对象窗口中，选择"克隆"。在左侧的编辑模式工具栏中，选择"转为可编辑对象"，如图5-398所示。

**08** 在透视视图界面下，按【E】键切换到"移动"工具，调整"飞机组"的位置，使其呈现出一上一下的效果，如图5-399所示。

**09** 在对象窗口中，将"支柱"和"飞机"分别单独编组，同时选择所有的图层，按【Alt+G】组合键进行编组，并重命名为"旋转木马"，如图5-400所示。

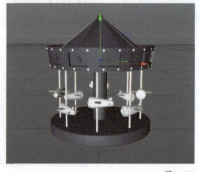
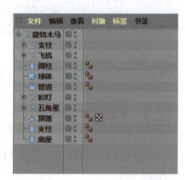

图5-398　　　　　　　　　　　　图5-399　　　　　　　　　　　　图5-400

### 5.4.4 旋转木马的渲染

**01** 在材质窗口的空白处双击，新建一个"材质"，如图5-401所示。

**02** 双击"材质"，进入材质编辑器。进入"颜色"通道，将"H"修改为"50°"，将"S"修改为"45%"，将"V"修改为"100%"，如图5-402所示。

图5-401　　　　　　　　　　　　　　　　图5-402

**03** 在材质窗口中，将"材质"重命名为"黄色"，如图5-403所示。

**04** 将材质"黄色"赋予图5-404所示的图层。

**05** 在材质窗口的空白处双击，新建一个"材质"，如图5-405所示。

**06** 双击"材质"，进入材质编辑器。进入"颜色"通道，将"H"修改为"8°"，将"S"修改为"48%"，将"V"修改为"100%"，如图5-406所示。

图5-403

图5-405

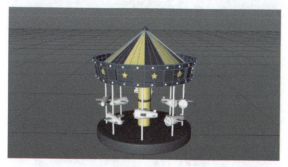

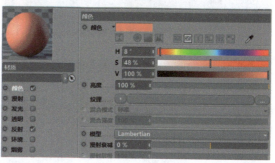

图5-404

图5-406

**07** 在材质窗口中，将"材质"重命名为"浅红色"，如图5-407所示。

**08** 将材质"浅红色"赋予图5-408所示的图层。

图5-407

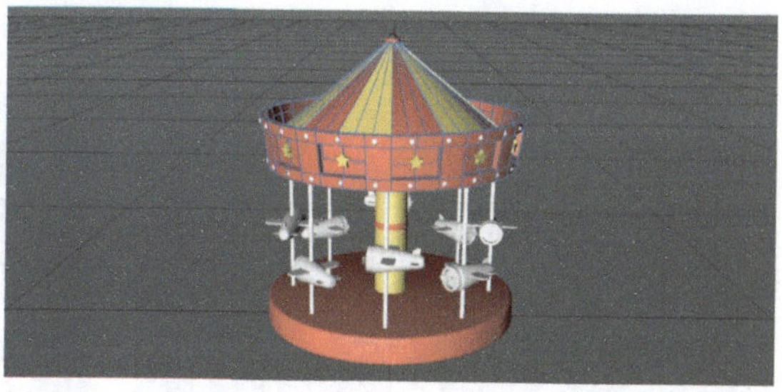

图5-408

**09** 在材质窗口的空白处双击，新建一个"材质"，如图5-409所示。

**10** 双击"材质"，进入材质编辑器。进入"颜色"通道，将"H"修改为"190°"，将"S"修改为"30％"，将"V"修改为"90％"，如图5-410所示。

**11** 在材质窗口中，将"材质"重命名为"浅蓝色"，如图5-411所示。

**12** 将材质"浅蓝色"赋予图5-412所示的图层。

图5-409

图5-411

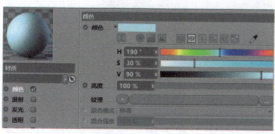

图5-410

图5-412

**13** 在材质窗口的空白处双击，新建一个"材质"，如图5-413所示。

**14** 双击"材质"，进入材质编辑器。进入"颜色"通道，将"H"修改为"17°"，将"S"修改为"36％"，将"V"修改为"100%",如图5-414所示。

**15** 在材质窗口中,将"材质"重命名为"飞机配色",如图5-415所示。

**16** 将材质"飞机配色"赋予图5-416所示的图层。

图5-413

图5-415

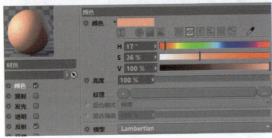

图5-414

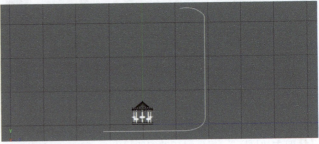

图5-416

**17** 单击鼠标滑轮调出四视图,在右视图窗口上单击鼠标滑轮,进入右视图界面。在右视图界面下,在上方的工具栏中,选择"曲线工具组"中的"画笔"工具,如图5-417所示。

**18** 在右视图界面下,使用"画笔"工具绘制图5-418所示的线段。

图5-417

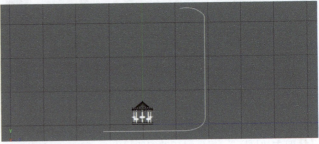

图5-418

**19** 在工具栏中,选择"NURBS"中的"挤压",如图5-419所示。

**20** 在对象窗口中,将"样条"拖曳至"挤压"内,使其成为"挤压"的子集,并将"挤压"重命名为"背景",如图5-420所示。

**21** 在"背景"窗口中,选择"对象",在"对象属性"中,将"移动"中"X"的数值修改为"10000 cm",如图5-421所示。

图5-419

图5-420

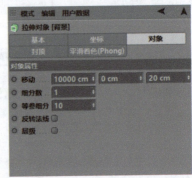

图5-421

**22** 单击鼠标滑轮调出四视图,在透视视图窗口上单击鼠标滑轮,进入透视视图界面,如图5-422所示。

**23** 将材质"浅红色"赋予"背景"图层,如图5-423所示。

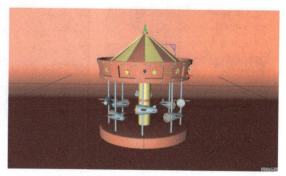

图5-422　　　　　　　　　　　　　　　　　　　　　　　　　　　图5-423

**24** 在透视视图界面下，在工具栏中，选择"场景设定"中的"天空"，如图5-424所示。

**25** 在材质窗口的空白处双击，新建一个"材质"，如图5-425所示。

**26** 双击"材质"，进入材质编辑器。进入"颜色"通道，将"H"修改为"17°"，将"S"修改为"0%"，将"V"修改为"100%"，如图5-426所示。

**27** 在材质窗口中，将"材质"重命名为"天空"，如图5-427所示。

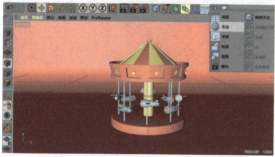

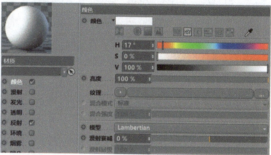

图5-424　　　　　　　　　　　　　　　　　　　　　　　　　　　图5-426

图5-425　　　　　　　　　　　　　　　　　　　　　　　　　　　图5-427

**28** 在对象窗口中，将材质"天空"赋予"天空"图层，如图5-428所示。

**29** 在工具栏中，选择"场景设定"中的"物理天空"，如图5-429所示。

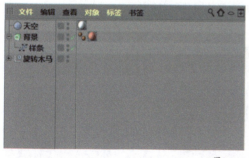

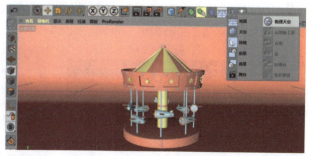

图5-428　　　　　　　　　　　　　　　　　　　　　　　　　　　图5-429

**30** 在"物理天空"窗口中，选择"太阳"，将"强度"修改为"80%"，如图5-430所示。

**31** 在对象窗口中，选择"物理天空"，单击鼠标右键，在弹出的快捷菜单中选择"CINEMA 4D标签"中的"合成"，如图5-431所示。

**32** 在"合成"窗口中，勾选"标签属性"中的"合成背景"，如图5-432所示。

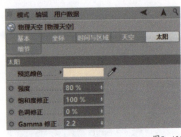

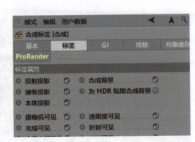

图5-430 图5-431 图5-432

**33** 在对象窗口中，同时选择"背景""天空""物理天空"，按【Alt+G】组合键进行编组，并重命名为"背景"，如图5-433所示。

**34** 在工具栏中选择"编辑渲染设置"，如图5-434所示。

图5-433 图5-434

**35** 在渲染设置中，勾选"多通道"，同时选择"效果"中的"全局光照"，如图5-435所示。

**36** 在"全局光照"中选择"辐照缓存"，并将"记录密度"修改为"高"，如图5-436所示。

**37** 在渲染设置中，勾选"多通道"，同时选择"效果"中的"环境吸收"，如图5-437所示。

图5-435 图5-436 图5-437

**38** 在"环境吸收"中选择"缓存"，并将"记录密度"修改为"高"，如图5-438所示。

**39** 在工具栏中选择"渲染到图片查看器"，如图5-439所示。

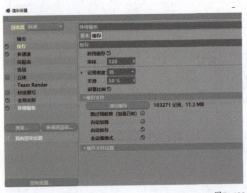

图5-438 图5-439

**40** 渲染后的效果如图5-440所示。

本案例到此已全部完成。

📎 **案例知识点一览**　（1）参数化对象：圆柱、管道、球体

（2）NURBS：挤压、放样

（3）运动图形：克隆

（4）曲线工具组：画笔、星形

（5）对象和样条的编辑操作与选择：内部挤压、偏移

图5-440

# 5.5 甜甜圈——圆环、胶囊、挤压、雕刻、克隆

本节讲解甜甜圈模型的制作方法。甜甜圈是一种充满乐趣的美食。数学教师尤金妮娅·陈利用微积分公式发现了甜甜圈好吃的奥秘。她经过计算得出，完美的甜甜圈直径应为72~82 mm，中间圆洞的最佳直径为11 mm，这样，甜甜圈的"软脆比"才能达到黄金比例3.5∶1。喜欢口感偏软的人，可以把甜甜圈的洞开得小一些；喜欢吃脆壳的人，可以把甜甜圈的洞开得大一些。在电商平面设计中，甜甜圈常作为辅助元素出现。在CINEMA 4D中，甜甜圈模型需要使用圆环、胶囊等模型配合挤压、雕刻、克隆等功能进行制作。

### 学习目标

通过本节的学习，读者将掌握甜甜圈模型的制作方法及雕刻工具的使用方法。

### 主要知识点

圆环、胶囊、挤压、雕刻、克隆

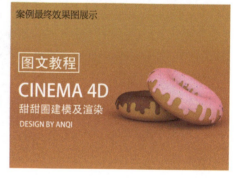

## 5.5.1 面包圈的建模

**01** 打开CINEMA 4D，进入默认的透视视图界面。在透视视图界面下，在上方的工具栏中，选择"参数化对象"中的"圆环"，如图5-441所示。

**02** 在"圆环"窗口中，选择"对象"，将"圆环半径"修改为"180 cm"，将"圆环分段"修改为"50"，将"导管半径"修改为"75 cm"，将"导管分段"修改为"20"，如图5-442所示。

**03** 在视图窗口菜单中，选择"显示"中的"光影着色（线条）"，如图5-443所示。

图5-441

图5-442

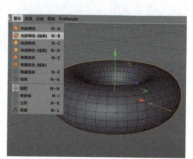

图5-443

## 5.5.2 巧克力的建模

**01** 在对象窗口中，复制一份"圆环"，并分别重命名为"面包圈"和"巧克力"，如图5-444所示。

**02** 在对象窗口中，选择"巧克力"图层，在左侧的编辑模式工具栏中，选择"转为可编辑对象"，如图5-445所示。

图5-444

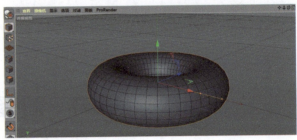
图5-445

**03** 单击鼠标滑轮调出四视图，如图5-446所示。在右视图窗口上单击鼠标滑轮，进入右视图界面。

**04** 在工具栏中选择"框选"工具，在左侧的编辑模式工具栏中，选择"点模式"，使用"框选"工具框选图5-447所示的点。

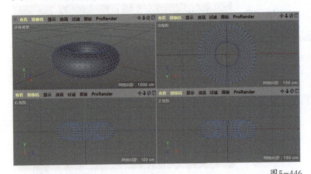
图5-446

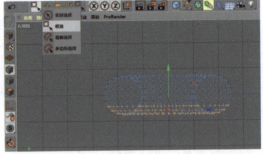
图5-447

**05** 按【Delete】键将选中的点删除，如图5-448所示。

**06** 在左侧的编辑模式工具栏中，选择"面模式"。在透视视图界面下，使用"实时选择"工具随机选择图5-449所示的面。

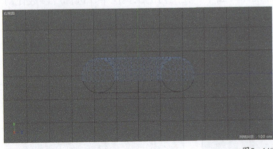
图5-448

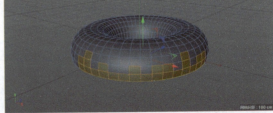
图5-449

**07** 在透视视图界面下，按【Delete】键将选中的面删除，如图5-450所示。

**08** 在透视视图界面下，使用同样的方法，随机选择内部的面，如图5-451所示。

**09** 在透视视图界面下，按【Delete】键将选中的面删除，如图5-452所示。

**10** 按【Ctrl+A】组合键全选所有的面。在透视视图界面下，在空白处单击鼠标右键，在弹出的快捷菜单中选择"挤压"，如图5-453所示。

图5-450 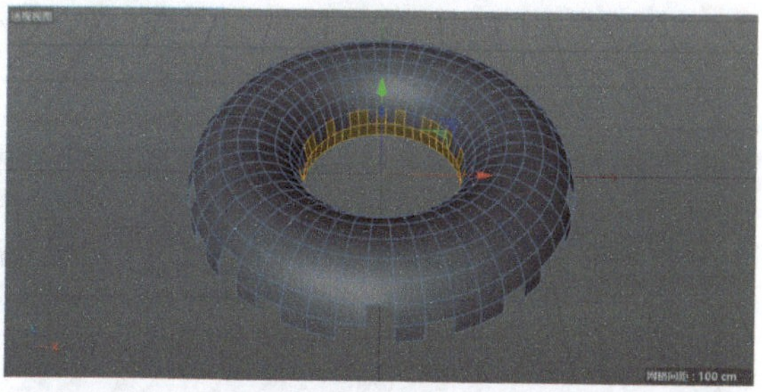                                                    图5-451

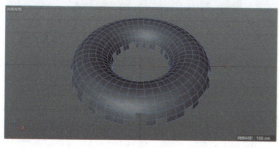

图5-452

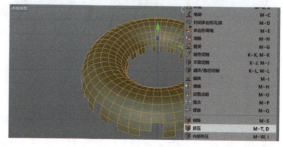

图5-453

**11** 在"挤压"窗口中，将"偏移"修改为"5 cm"，同时勾选"创建封顶"，如图5-454所示。

**12** 透视视图界面中的效果如图5-455所示。

**13** 在工具栏中，选择"NURBS"中的"细分曲面"，如图5-456所示。

图5-454

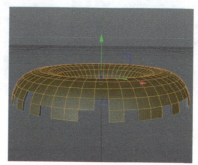

图5-455

图5-456

**14** 在对象窗口中，在"细分曲面"上单击鼠标右键，在弹出的快捷菜单中选择"当前状态转对象"，如图5-457所示。

**15** 在对象窗口菜单中，选择"界面"中的"Sculpt"，如图5-458所示。

**16** 在透视视图界面下，使用"抓取"工具处理"巧克力"滴落的质感，如图5-459所示。

图5-457

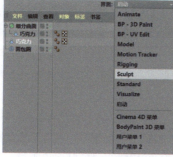

图5-458

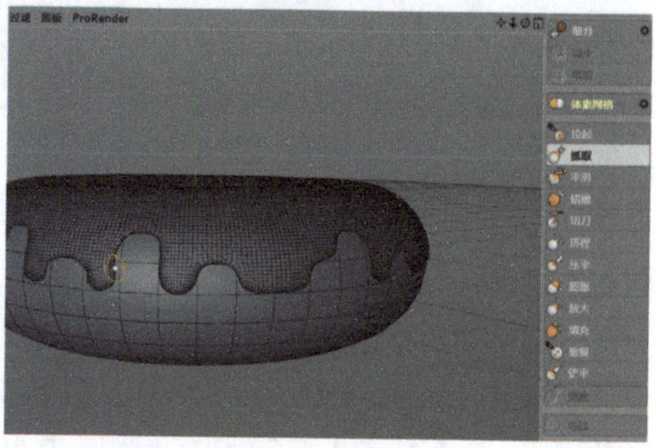

图5-459

**17** 在透视视图界面下，使用"膨胀"工具处理"巧克力"滴落的质感，如图5-460所示。

**18** 透视视图界面中的效果如图5-46l所示。

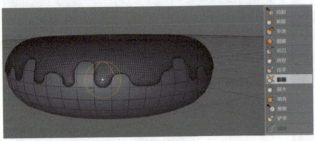

图5-460

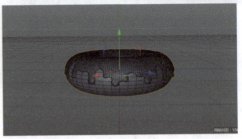

图5-461

### 5.5.3 糖果的建模

**01** 在工具栏中，选择"参数化对象"中的"胶囊"，如图5-462所示。

**02** 在"胶囊"窗口中，选择"对象"，将"半径"修改为"0.3 cm"，将"高度"修改为"3 cm"，如图5-463所示。

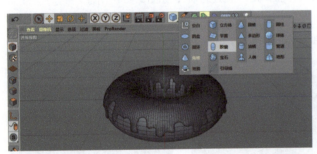

图5-462

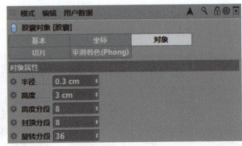

图5-463

**03** 在主菜单栏中，选择"运动图形"中的"克隆"，如图5-464所示。

**04** 在对象窗口中，将"胶囊"拖曳至"克隆"内，使其成为"克隆"的子集，如图5-465所示。

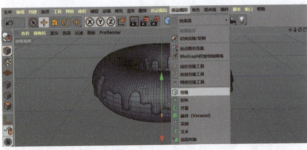

图5-464

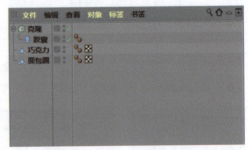

图5-465

**05** 在"克隆"窗口中，选择"对象"，将"模式"修改为"对象"，在"对象"中选择"巧克力"，将"数量"修改为"200"，如图5-466所示。

**06** 透视视图界面中的效果如图5-467所示。

**07** 在对象窗口中，复制几份"胶囊"，并拖曳至"克隆"内，同时将"克隆"重命名为"糖果"。同时选择所有的图层，按【Alt+G】组合键进行编组，并重命名为"甜甜圈"，如图5-468所示。

图5-466

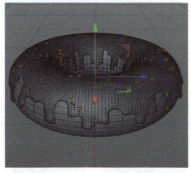

图5-467

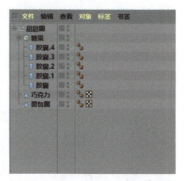

图5-468

**08** 在透视视图界面下，复制一份"甜甜圈"，按【R】键切换到"旋转"工具，调整"甜甜圈"的角度，按【E】键切换到"移动"工具，调整"甜甜圈"的位置，如图5-469所示。

## 5.5.4 甜甜圈的渲染

**01** 在材质窗口的空白处双击，新建一个"材质"，如图5-470所示。

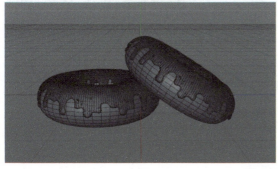

图5-469

图5-470

**02** 双击"材质"，进入材质编辑器。进入"颜色"通道，选择"纹理"中的"菲涅尔"，如图5-471所示。

**03** 进入"着色器"，单击前面的"渐变色标设置"，将"H"修改为"0°"，将"S"修改为"50%"，将"V"修改为"30%"，并单击"确定"按钮，如图5-472所示。

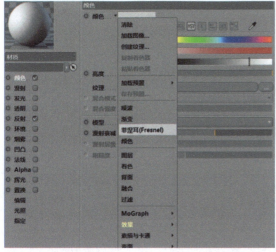

图5-471

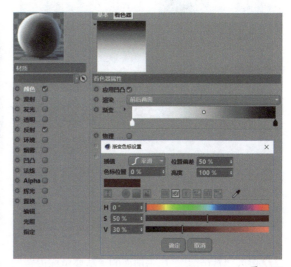

图5-472

**149**

**04** 单击后面的"渐变色标设置",将"H"修改为"15°",将"S"修改为"66%",将"V"修改为"60%",并单击"确定"按钮,如图5-473所示。

**05** 在材质编辑器中,进入"反射"通道,单击"添加"按钮,在弹出的下拉菜单中选择"GGX",如图5-474所示。

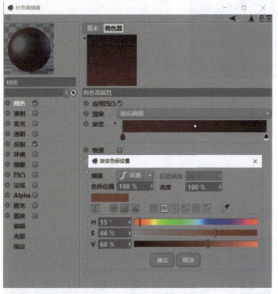
图5-473

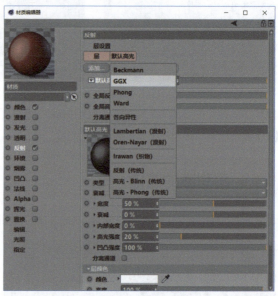
图5-474

**06** 在"层1"中将"粗糙度"修改为"10%",在"层颜色"中将"亮度"修改为"50%",在"层菲涅尔"中将"菲涅尔"修改为"绝缘体",如图5-475所示。

**07** 在材质窗口中,将"材质"重命名为"巧克力",如图5-476所示。

**08** 在透视视图界面下,将材质"巧克力"赋予"巧克力"图层,如图5-477所示。

**09** 在材质窗口中,复制一份材质"巧克力",如图5-478所示。

图5-475

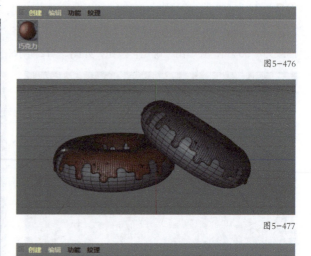
图5-476

图5-477

图5-478

**10** 进入"着色器",单击前面的"渐变色标设置",将"H"修改为"335°",将"S"修改为"50%",将

"V"修改为"100%"，并单击"确定"按钮，如图5-479所示。

**11** 单击后面的"渐变色标设置"，将"H"修改为"330°"，将"S"修改为"30％"，将"V"修改为"100％"，并单击"确定"按钮，如图5-480所示。

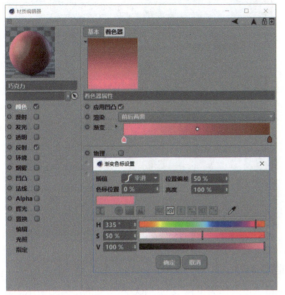

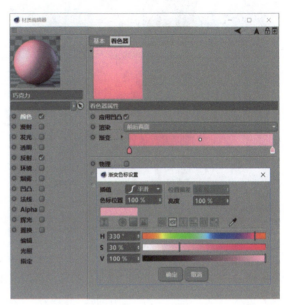

图5-479

图5-480

**12** 在材质窗口中，将材质"巧克力"重命名为"草莓"，如图5-481所示。

**13** 在透视视图界面下，将材质"草莓"赋予"巧克力"图层，如图5-482所示。

**14** 在材质窗口中，复制一份材质"巧克力"，如图5-483所示。

**15** 进入"着色器"，单击前面的"渐变色标设置"，将"H"修改为"28°"，将"S"修改为"95％"，将"V"修改为"78％"，并单击"确定"按钮，如图5-484所示。

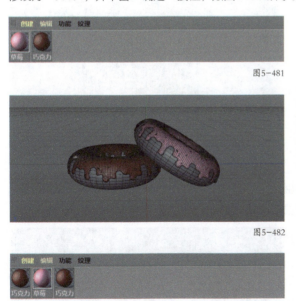

图5-481

图5-482

图5-483

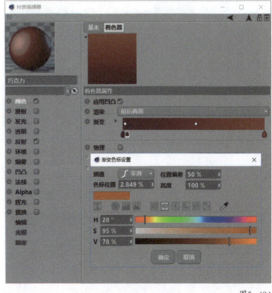

图5-484

**16** 单击后面的"渐变色标设置"，将"H"修改为"38°"，将"S"修改为"76％"，将"V"修改为"84％"，并单击"确定"按钮，如图5-485所示。

151

**17** 在材质编辑器中，进入"反射"通道，单击"添加"按钮，在弹出的下拉菜单中选择"GGX"。在"层1"中将"粗糙度"修改为"50%"，在"层颜色"中将"亮度"修改为"50%"，如图5-486所示。

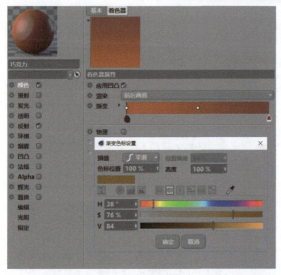

图5-485

图5-486

**18** 进入"凹凸"通道，选择"纹理"中的"噪波"，如图5-487所示。

**19** 进入"凹凸"通道，将"全局缩放"修改为"8%"，将"低端修剪"修改为"100%"，如图5-488所示。

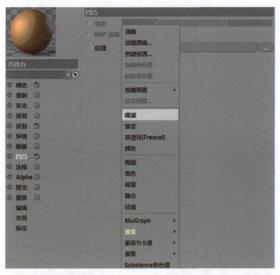

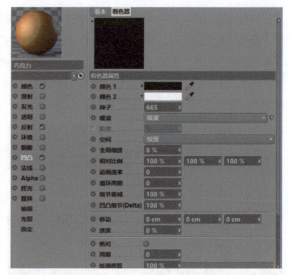

图5-487

图5-488

**20** 在材质窗口中，将材质"巧克力"重命名为"面包圈"，如图5-489所示。

**21** 在透视视图界面下，将材质"面包圈"赋予"面包圈"图层，如图5-490所示。

图5-489

图5-490

**22** 在材质窗口中，新建5个"材质"，分别修改成5种颜色，并分别重命名为"糖果1""糖果2""糖果3""糖果4""糖果5"，如图5-491所示。

**23** 在对象窗口中，将5种不同的材质"糖果"分别赋予"胶囊""胶囊.1""胶囊.2""胶囊.3""胶囊.4"，如图5-492所示。

**24** 透视视图界面中的效果如图5-493所示。

图5-491      图5-492      图5-493

**25** 单击鼠标滑轮调出四视图，在右视图窗口上单击鼠标滑轮，进入右视图界面。在右视图界面下，在上方的工具栏中，选择"曲线工具组"中的"画笔"工具，如图5-494所示。

**26** 在右视图界面下，使用"画笔"工具绘制图5-495所示的线段。

图5-494      图5-495

**27** 在工具栏中，选择"NURBS"中的"挤压"，如图5-496所示。

**28** 在对象窗口中，将"样条"拖曳至"挤压"内，使其成为"挤压"的子集，并将"挤压"重命名为"背景"，如图5-497所示。

**29** 在"背景"窗口中，选择"对象"，在"对象属性"中，将"移动"中"X"的数值修改为"10000 cm"，如图5-498所示。

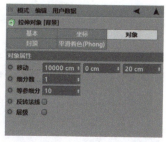

图5-496      图5-497      图5-498

**30** 单击鼠标滑轮调出四视图，在透视视图窗口上单击鼠标滑轮，进入透视视图界面。将材质"面包圈"赋予"背景"图层，如图5-499所示。

**31** 在透视视图界面下，在工具栏中，选择"场景设定"中的"天空"，如图5-500所示。

图5-499　　　　　　　　　　　　　　　　图5-500

**32** 在材质窗口的空白处双击，新建一个"材质"，如图5-501所示。

**33** 双击"材质"，进入材质编辑器。进入"颜色"通道，将"H"修改为"0°"，将"S"修改为"0%"，将"V"修改为"100%"，如图5-502所示。

**34** 在材质窗口中，将"材质"重命名为"天空"，如图5-503所示。

**35** 在对象窗口中，将材质"天空"赋予"天空"图层，如图5-504所示。

图5-501　　　　　　　　　　　　　　　　图5-503

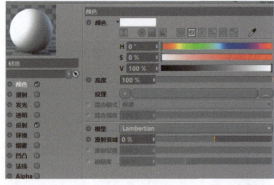 

图5-502　　　　　　　　　　　　　　　　图5-504

**36** 在工具栏中，选择"场景设定"中的"物理天空"，如图5-505所示。

**37** 在"物理天空"窗口中，选择"太阳"，将"强度"修改为"80%"，如图5-506所示。

**38** 在对象窗口中，选择"物理天空"，单击鼠标右键，在弹出的快捷菜单中选择"CINEMA 4D标签"中的"合成"，如图5-507所示。

 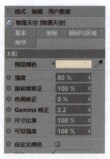 

图5-505　　　　　图5-506　　　　　图5-507

**39** 在"合成"窗口中，勾选"标签属性"中的"合成背景"，如图5-508所示。

**40** 在对象窗口中，同时选择"背景""天空""物理天空"，按【Alt+G】组合键进行编组，并重命名为"背景"，如图5-509所示。

***41*** 在工具栏中选择"编辑渲染设置"，如图5-510所示。

图5-508　　　　　　　图5-509　　　　　　　　　　　　　　　　　　　　　图5-510

***42*** 在渲染设置中，勾选"多通道"，同时选择"效果"中的"全局光照"，如图5-511所示。

***43*** 在"全局光照"中选择"辐照缓存"，并将"记录密度"修改为"高"，如图5-512所示。

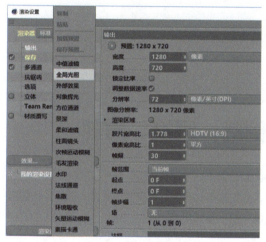

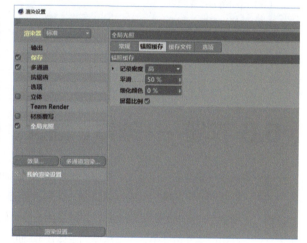

图5-511　　　　　　　　　　　　　　　　　　　　　　　　　　　　　　　图5-512

***44*** 在渲染设置中，勾选"多通道"，同时选择"效果"中的"环境吸收"，如图5-513所示。

***45*** 在"环境吸收"中选择"缓存"，并将"记录密度"修改为"高"，如图5-514所示。

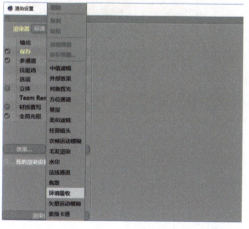

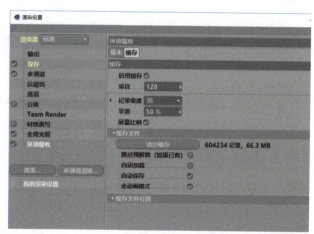

图5-513　　　　　　　　　　　　　　　　　　　　　　　　　　　　　　　图5-514

***46*** 在工具栏中选择"渲染到图片查看器"，如图5-515所示。

***47*** 渲染后的效果如图5-516所示。

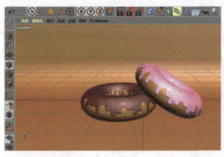

图5-515

图5-516

本案例到此已全部完成。

📎 **案例知识点一览** （1）参数化对象：圆环、胶囊

（2）NURBS：挤压、细分曲面

（3）运动图形：克隆

（4）曲线工具组：画笔

（5）对象和样条的编辑操作与选择：挤压

（6）界面：Sculpt

# 5.6 汉堡——球体、圆盘、倒角、置换、雕刻

本节讲解汉堡模型的制作方法。最早的汉堡包由两片小圆面包夹一块牛肉饼组成，现代汉堡除了夹传统的牛肉饼外，还在圆面包的第二层中涂以黄油、芥末、番茄酱、沙拉酱等，再夹入番茄片、洋葱、蔬菜、酸黄瓜等食物，这样就可以同时吃到多种食物。汉堡食用方便、风味可口、营养全面，现在已经成为畅销世界的方便主食之一。在电商平面设计中，汉堡常作为主体物或辅助元素出现。在CINEMA 4D中，汉堡模型需要使用球体、圆柱、圆盘等模型配合倒角、置换、克隆、雕刻等功能进行制作。

### 学习目标

通过本节的学习，读者将掌握汉堡模型的制作方法及雕刻工具的使用方法。

### 主要知识点

球体、圆盘、倒角、置换、雕刻

## 5.6.1 上层汉堡胚的建模

**01** 打开CINEMA 4D，进入默认的透视视图界面。在透视视图界面下，在上方的工具栏中，选择"参数化对象"中的"球体"，如图5-517所示。

**02** 在视图窗口菜单中，选择"显示"中的"光影着色（线条）"，如图5-518所示。

**03** 在"球体"窗口中，选择"对象"，将"类型"修改为"半球体"，如图5-519所示。

**04** 在透视视图界面下，在左侧的编辑模式工具栏中选择"转为可编辑对象"，如图5-520所示。

图5-517　　　　　　　　　　　　　　　　　　　　　　　　图5-518

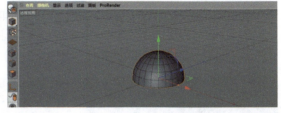

图5-519　　　　　　　　　　　　　　　　　　　　　　　　图5-520

**05** 在透视视图界面下，在左侧的编辑模式工具栏中选择"边模式"。在透视视图界面下，单击鼠标右键，在弹出的快捷菜单中选择"封闭多边形孔洞"，如图5-521所示。

**06** 在透视视图界面下，选中底部的一个点，当出现白色提示的时候，单击鼠标左键确认，封闭多边形孔洞，如图5-522所示。

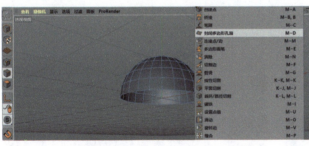

图5-521　　　　　　　　　　　　　　　　　　　　　　　　图5-522

**07** 透视视图界面中的效果如图5-523所示。

**08** 在透视视图界面下，在左侧的编辑模式工具栏中选择"模型"，按【T】键切换到"缩放"工具，按住鼠标左键逆着绿色的箭头向下拖曳，将"球体"压扁一些，如图5-524所示。

图5-523　　　　　　　　　　　　　　　　　　　　　　　　图5-524

**09** 单击鼠标滑轮调出四视图，如图5-525所示。在正视图窗口上单击鼠标滑轮，进入正视图界面。

**10** 在正视图界面下，在上方的工具栏中选择"框选"工具，在左侧的编辑模式工具栏中选择"边模式"，框选图5-526所示的边。

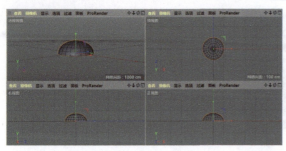
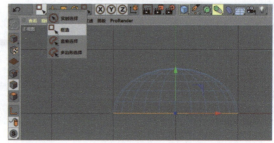

图5-525                        图5-526

*11* 在透视视图界面下，在空白处单击鼠标右键，在弹出的快捷菜单中选择"倒角"，如图5-527所示。

*12* 在"倒角"窗口中，将"偏移"修改为"5 cm"，将"细分"修改为"5"，如图5-528所示。

*13* 在对象窗口菜单中，选择"界面"中的"Sculpt"，如图5-529所示。

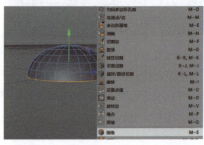

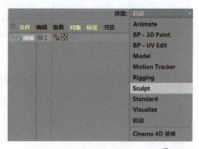

图5-527                  图5-528                  图5-529

*14* 单击4次"细分"，增加细分数，如图5-530所示。

*15* 使用"拉起"工具，处理面包胚的表面，使其具备质感，如图5-531所示。

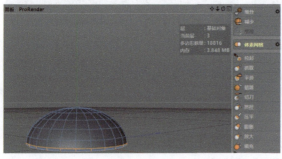

图5-530                        图5-531

*16* 透视视图界面中的效果如图5-532所示。

*17* 在对象窗口菜单中，选择"界面"中的"启动"，如图5-533所示。

*18* 在对象窗口中，将"球体"重命名为"汉堡胚（上）"，如图5-534所示。

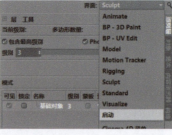

图5-532                  图5-533                  图5-534

## 5.6.2 芝麻的建模

**01** 在透视视图界面下，在上方的工具栏中，选择"参数化对象"中的"立方体"，如图5-535所示。

**02** 在"立方体"窗口中，将"尺寸.X"修改为"20 cm"，将"尺寸.Y"修改为"10 cm"，将"尺寸.Z"修改为"10 cm"，如图5-536所示。

图5-535

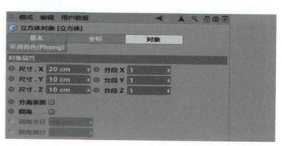

图5-536

**03** 在透视视图界面下，在左侧的编辑模式工具栏中选择"转为可编辑对象"，同时选择"面模式"，选择图5-537所示的面。

**04** 在透视视图界面下，按【T】键切换到"缩放"工具，将选中的面缩小一些，如图5-538所示。

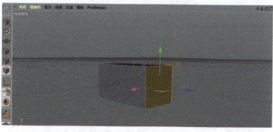

图5-537

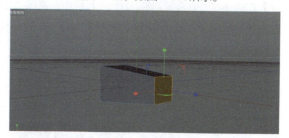

图5-538

**05** 在透视视图界面下，在上方的工具栏中，选择"NURBS"中的"细分曲面"，如图5-539所示。

**06** 在对象窗口中，将"立方体"拖曳至"细分曲面"内，如图5-540所示。

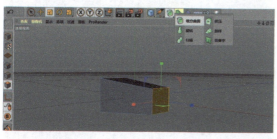

图5-539

图5-540

**07** 在透视视图界面下，按【T】键切换到"缩放"工具，调整大小，如图5-541所示。

**08** 在透视视图界面下，在主菜单栏中，选择"运动图形"中的"克隆"，如图5-542所示。

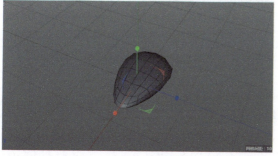

图5-541

图5-542

*09* 将"细分曲面"组拖曳至"克隆"内，并将"克隆"重命名为"芝麻"，如图5-543所示。

*10* 在"芝麻"窗口中，选择"对象"，将"模式"修改为"对象"，将"汉堡胚（上）"拖曳至"对象"内，将"分布"修改为"表面"，将"数量"修改为"200"，如图5-544所示。

> 💡 **提示** 如果透视视图界面中芝麻的大小和方向出现问题，可以在对象窗口中选择"立方体"，按【R】键切换到"旋转"工具调整方向，按【T】键切换到"缩放"工具调整大小，如图5-545所示。

图5-545

图5-543

图5-544

## 5.6.3 下层汉堡胚的建模

*01* 在透视视图界面下，在上方的工具栏中，选择"参数化对象"中的"圆柱"，如图5-546所示。

*02* 单击鼠标滑轮调出四视图，如图5-547所示。在顶视图窗口上单击鼠标滑轮，进入顶视图界面。

图5-546

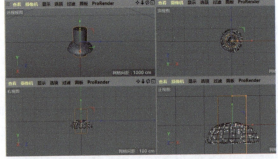

图5-547

*03* 在顶视图界面下，选择小黄点，将"圆柱"的半径扩大至与"汉堡胚（上）"重合，如图5-548所示。

*04* 单击鼠标滑轮调出四视图，如图5-549所示。在右视图窗口上单击鼠标滑轮，进入右视图界面。

图5-548

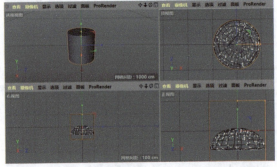

图5-549

*05* 在右视图界面下，选择小黄点，将"圆柱"的高度缩小一些，如图5-550所示。

*06* 在"圆柱"窗口中，选择"封顶"。在"封顶"中，勾选"圆角"，将"分段"修改为"5"，将"半径"修改为"5 cm"，如图5-551所示。

**07** 在对象窗口中，将"圆柱"重命名为"汉堡胚（下）"，如图5-552所示。

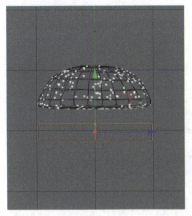

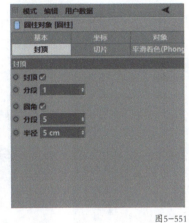

图5-550 　　　　　　　　　　　　　　　图5-551 　　　　　　　　　　　　　　　图5-552

## 5.6.4 肉饼的建模

**01** 在对象窗口中，复制一份"汉堡胚（下）"，并重命名为"肉饼"。透视视图界面中的效果如图5-553所示。

**02** 在对象窗口菜单中，选择"界面"中的"Sculpt"。单击两次"细分"，增加细分数，如图5-554所示。

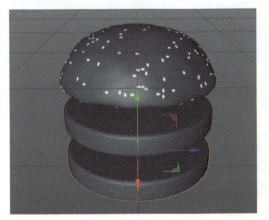

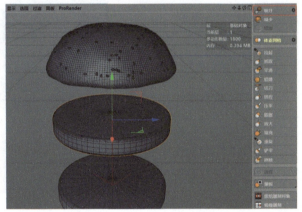

图5-553 　　　　　　　　　　　　　　　　　　　　　　　　图5-554

**03** 使用"抓取"工具处理"肉饼"的表面，使其具备质感，如图5-555所示。

**04** 透视视图界面中的效果如图5-556所示。

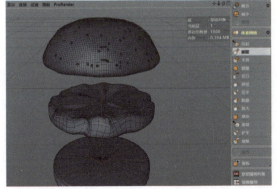

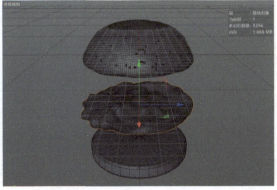

图5-555 　　　　　　　　　　　　　　　　　　　　　　　　图5-556

### 5.6.5 生菜的建模

**01** 在透视视图界面下，在上方的工具栏中，选择"参数化对象"中的"圆盘"，如图5-557所示。

**02** 在上方的工具栏中，选择"变形工具组"中的"置换"，如图5-558所示。

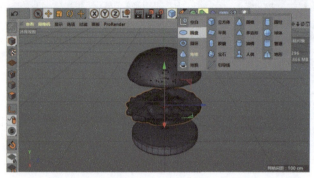

图5-557

图5-558

**03** 在对象窗口中，将"置换"拖曳至"圆盘"内，并将"圆盘"重命名为"生菜"，在左侧的编辑模式工具栏中选择"转为可编辑对象"或按【C】键将"生菜"转化为可编辑对象，如图5-559所示。

**04** 在"置换"窗口中，选择"着色"，在"着色器"中选择"噪波"，如图5-560所示。

**05** 在对象窗口菜单中，选择"界面"中的"Sculpt"。单击3次"细分"，增加细分数，如图5-561所示。

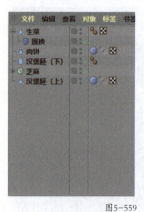

图5-559

图5-560

图5-561

**06** 在透视视图界面下，使用"抓取"工具处理"生菜"表面，使其具备质感，如图5-562所示。

**07** 透视视图界面中的效果如图5-563所示。

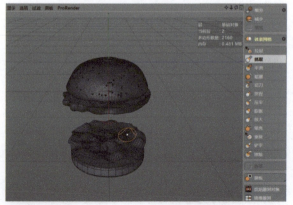

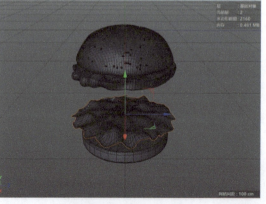

图5-562

图5-563

### 5.6.6 芝士的建模

*01* 在透视视图界面下，在上方的工具栏中，选择"参数化对象"中的"立方体"，如图5-564所示。

*02* 在"立方体"窗口中，选择"对象"，将"尺寸.X"和"尺寸.Z"修改为"190 cm"，将"尺寸.Y"修改为"7 cm"，将"分段.X"修改为"50"，将"分段.Z"修改为"50"，同时勾选"圆角"，将"圆角半径"修改为"1.5 cm"，将"圆角细分"修改为"5"，如图5-565所示。

*03* 在透视视图界面下，在左侧的编辑模式工具栏中，选择"转为可编辑对象"，并将"立方体"重命名为"芝士"，如图5-566所示。

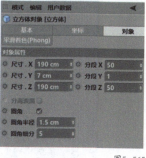

图5-564　　　　　　　　　　　图5-565　　　　　　　　　　图5-566

*04* 在对象窗口菜单中，选择"界面"中的"Sculpt"。在透视视图界面下，使用"抓取"工具处理"芝士"的表面，使其具备质感，如图5-567所示。

*05* 透视视图界面中的效果如图5-568所示。

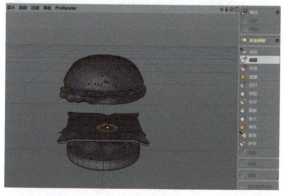
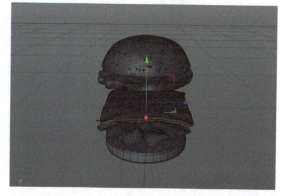

图5-567　　　　　　　　　　　　　　　　　　图5-568

### 5.6.7 番茄的建模

*01* 在透视视图界面下，在上方的工具栏中，选择"参数化对象"中的"圆柱"，如图5-569所示。

*02* 在"圆柱"窗口中，选择"对象"。在"对象属性"中，将"半径"修改为"50 cm"，将"高度"修改为"5 cm"，如图5-570所示。

*03* 在"圆柱"窗口中，选择"封顶"。在"封顶"中，勾选"圆角"，将"分段"修改为"5"，将"半径"修改为"2 cm"，如图5-571所示。

*04* 在对象窗口中，复制一份"生菜"和"肉饼"，同时选择所有图层，按【Alt+G】组合键进行编组，并重命名为"汉堡"，如图5-572所示。

*05* 透视视图界面中的效果如图5-573所示。

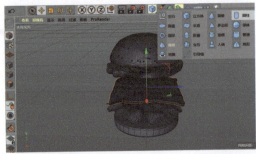

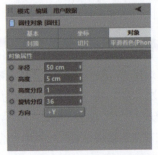

图5-569　　　　　　　　　　　　图5-570　　　　　　　　　　　　图5-571

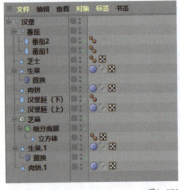

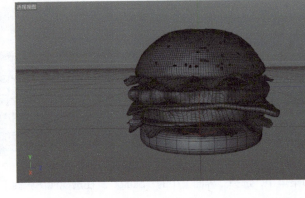

图5-572　　　　　　　　　　　　　　　　　　　　　　　　图5-573

### 5.6.8 汉堡的渲染

***01*** 在材质窗口的空白处双击，新建一个"材质"，如图5-574所示。

***02*** 双击"材质"，进入材质编辑器。进入"颜色"通道，选择"纹理"中的"渐变"，如图5-575所示。

图5-574　　　　　　　　　　　　　　　　　　　　　　　　图5-575

***03*** 进入"着色器"，将"类型"修改为"二维·圆形"。单击前面的"渐变色标设置"，将"H"修改为"30°"，将"S"修改为"95%"，将"V"修改为"70%"，如图5-576所示。

***04*** 单击后面的"渐变色标设置"，将"H"修改为"30°"，将"S"修改为"65%"，将"V"修改为"100%"，如图5-577所示。

***05*** 进入"反射"通道，单击"添加"按钮，添加一个"GGX"，如图5-578所示。

***06*** 在"反射"通道中，将"层1"中的"粗糙度"修改为"100%"，将"层颜色"中的"亮度"修改为"20%"，将"层菲涅尔"中的"菲涅尔"修改为"绝缘体"，如图5-579所示。

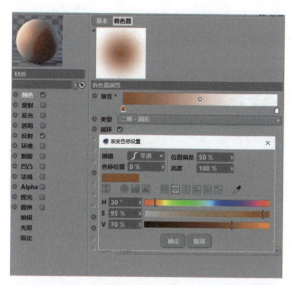

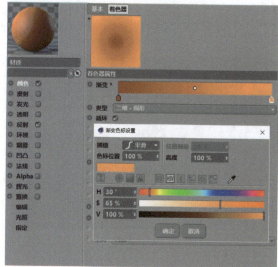

图5-576

图5-577

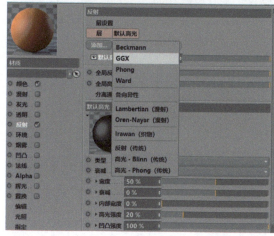

图5-578

图5-579

**07** 在材质窗口中，将"材质"重命名为"汉堡胚"，如图5-580所示。

**08** 在透视视图界面下，将材质"汉堡胚"赋予"汉堡胚"图层，如图5-581所示。

**09** 在材质窗口的空白处双击，新建一个"材质"，如图5-582所示。

**10** 双击"材质"，进入材质编辑器。进入"颜色"通道，选择"纹理"中的"加载图像"，如图5-583所示。

图5-580

图5-582

图5-581

图5-583

**11** 将素材"生菜"置入，如图5-584所示。

**12** 进入"Alpha"通道，选择"纹理"中的"加载图像"，如图5-585所示。

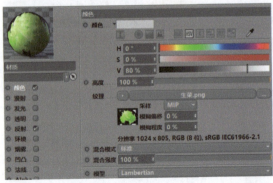

图5-584

图5-585

**13** 将素材"生菜"置入，如图5-586所示。

**14** 进入"反射"通道，单击"添加"按钮，添加一个"GGX"。将"层1"中的"粗糙度"修改为"20%"，将"层颜色"中的"亮度"修改为"15%"，将"层菲涅耳"中的"菲涅耳"修改为"绝缘体"，如图5-587所示。

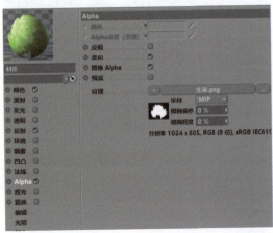

图5-586

图5-587

**15** 在材质窗口中，将"材质"重命名为"生菜"，如图5-588所示。

**16** 在透视视图界面下，将材质"生菜"赋予"生菜"图层，在左侧的编辑模式工具栏中选择"纹理"模式，如图5-589所示。

图5-588

图5-589

**17** 在"生菜"的纹理标签中，将"投射"修改为"平直"，同时取消勾选"平铺"，如图5-590所示。

**18** 在透视视图界面中，按【T】键切换到"缩放"工具，调整材质"生菜"的大小，如图5-591所示。

**19** 在材质窗口的空白处双击，新建一个"材质"，如图5-592所示。

图5-590

图5-591

图5-592

**20** 双击"材质"，进入材质编辑器。进入"颜色"通道，选择"纹理"中的"加载图像"，将素材"肉饼"置入，如图5-593所示。

**21** 进入"Alpha"通道，选择"纹理"中的"加载图像"，将素材"肉饼"置入，如图5-594所示。

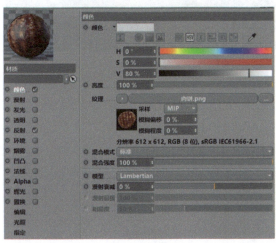

图5-593

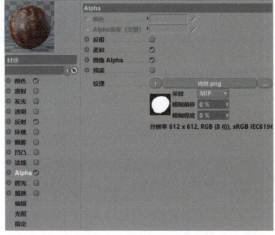

图5-594

**22** 进入"反射"通道，单击"添加"按钮，添加一个"GGX"。将"层1"中的"粗糙度"修改为"50％"，将"层颜色"中的"亮度"修改为"15％"，将"层菲涅尔"中的"菲涅尔"修改为"绝缘体"，如图5-595所示。

**23** 在材质窗口中，将"材质"重命名为"肉饼"，如图5-596所示。

**24** 在透视视图界面下，将材质"肉饼"赋予"肉饼"图层，在左侧的编辑模式工具栏中选择"纹理"模式，如图5-597所示。

**25** 在"肉饼"的纹理标签中，将"投射"修改为"平直"，同时取消勾选"平铺"，如图5-598所示。

**26** 在透视视图界面中，按【T】键切换到"缩放"工具，调整材质"肉饼"的大小，如图5-599所示。

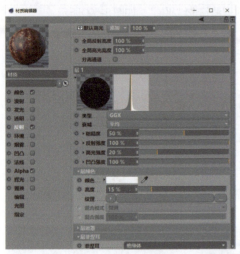

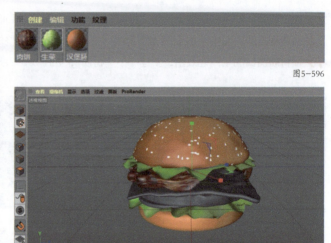

图5-596

图5-595

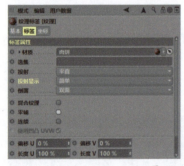

图5-598

图5-597

图5-599

**27** 在材质窗口的空白处双击，新建一个"材质"，如图5-600所示。

**28** 双击"材质"，进入材质编辑器。进入"颜色"通道，选择"纹理"中的"渐变"，如图5-60l所示。

**29** 进入"着色器"，将"类型"修改为"二维·圆形"。单击前面的"渐变色标设置"，将"H"修改为"50°"，将"S"修改为"90%"，将"V"修改为"80%"，如图5-602所示。

图5-600

图5-601

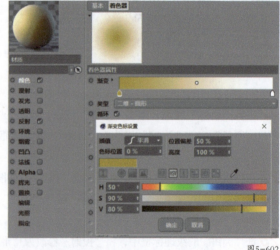

图5-602

**30** 单击后面的"渐变色标设置"，将"H"修改为"50°"，将"S"修改为"70%"，将"V"修改为"90%"，如图5-603所示。

**31** 进入"反射"通道，单击"添加"按钮，添加一个"GGX"。将"层1"中的"粗糙度"修改为"15％"，将"层颜色"中的"亮度"修改为"20％"，如图5-604所示。

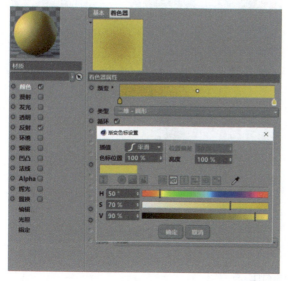

图5-603

图5-604

**32** 在材质窗口中，将"材质"重命名为"芝士"，如图5-605所示。

**33** 在透视视图界面下，将材质"芝士"赋予"芝士"图层，如图5-606所示。

图5-605

图5-606

**34** 在材质窗口的空白处双击，新建一个"材质"，如图5-607所示。

图5-607

**35** 双击"材质"，进入材质编辑器。进入"颜色"通道，选择"纹理"中的"加载图像"，将素材"番茄"置入，如图5-608所示。

**36** 进入"Alpha"通道，选择"纹理"中的"加载图像"，将素材"番茄"置入，如图5-609所示。

**37** 进入"反射"通道，单击"添加"按钮，添加一个"GGX"。将"层1"中的"粗糙度"修改为"5％"，将"层颜色"中的"亮度"修改为"20％"，如图5-610所示。

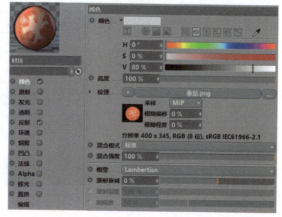

图5-608

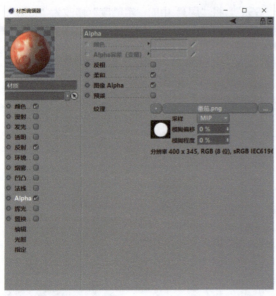

图5-609                                    图5-610

**38** 在材质窗口中，将"材质"重命名为"番茄"，如图5-611所示。

**39** 在透视视图界面下，将材质"番茄"赋予"番茄"图层，在左侧的编辑模式工具栏中选择"纹理"模式，如图5-612所示。

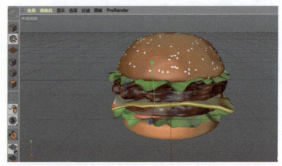

图5-611                                    图5-612

**40** 在"番茄"的纹理标签中，将"投射"修改为"平直"，同时取消勾选"平铺"，如图5-613所示。

**41** 在透视视图界面下，按【T】键切换到"缩放"工具，调整材质"番茄"的大小，如图5-614所示。

**42** 透视视图界面中的效果如图5-615所示。

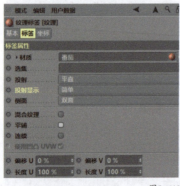

图5-613                    图5-614                    图5-615

**43** 单击鼠标滑轮调出四视图，在右视图窗口上单击鼠标滑轮，进入右视图界面。在右视图界面下，在工具栏中，选择"曲线工具组"中的"画笔"工具，如图5-616所示。

**44** 在右视图界面下，使用"画笔"工具绘制图5-617所示的线段。

图5-616

图5-617

**45** 在工具栏中，选择"NURBS"中的"挤压"，如图5-618所示。

**46** 在对象窗口中，将"样条"拖曳至"挤压"内，使其成为"挤压"的子集，并将"挤压"重命名为"背景"，如图5-619所示。

**47** 在"背景"窗口中，选择"对象"，在"对象属性"中，将"移动"中"X"的数值修改为"10000 cm"，如图5-620所示。

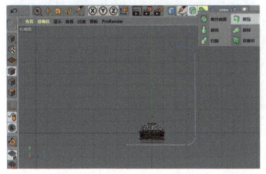

图5-618

图5-619

图5-620

**48** 单击鼠标滑轮调出四视图，在透视视图窗口上单击鼠标滑轮，进入透视视图界面，如图5-621所示。

**49** 在材质窗口的空白处双击，新建一个"材质"，如图5-622所示。

图5-621

图5-622

**50** 双击"材质"，进入材质编辑器。进入"颜色"通道，将"H"修改为"15°"，将"S"修改为"67%"，将"V"修改为"100%"，如图5-623所示。

**51** 在材质窗口中，将"材质"重命名为"背景"，如图5-624所示。

**52** 在透视视图界面下，将材质"背景"赋予"背景"图层，如图5-625所示。

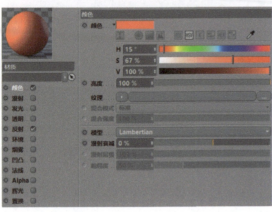

图5-624

图5-623

图5-625

**53** 在透视视图界面下，在工具栏中，选择"场景设定"中的"天空"，如图5-626所示。

**54** 在材质窗口的空白处双击，新建一个"材质"，如图5-627所示。

**55** 双击"材质"，进入材质编辑器。进入"颜色"通道，将"H"修改为"15°"，将"S"修改为"0%"，将"V"修改为"100%"，如图5-628所示。

图5-626

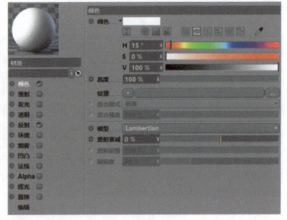

图5-627

图5-628

**56** 在材质窗口中，将"材质"重命名为"天空"，如图5-629所示。

**57** 在对象窗口中，将材质"天空"赋予"天空"图层，如图5-630所示。

**58** 在工具栏中，选择"场景设定"中的"物理天空"，如图5-631所示。

图5-629

图5-630

图5-631

**59** 在"物理天空"窗口中，选择"太阳"，将"强度"修改为"80%"，如图5-632所示。

**60** 在对象窗口中，选择"物理天空"，单击鼠标右键，在弹出的快捷菜单中选择"CINEMA 4D标签"中的"合成"，如图5-633所示。

**61** 在"合成"窗口中，勾选"标签属性"中的"合成背景"，如图5-634所示。

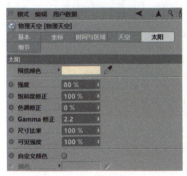

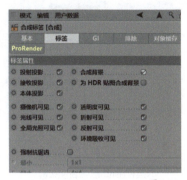

图5-632　　　　　　　　　　　　　　　　　　图5-633　　　　　　　　　　　　　　　　　　图5-634

**62** 在对象窗口中，同时选择"背景""天空""物理天空"，按【Alt+G】组合键进行编组，并重命名为"背景"，如图5-635所示。

**63** 在工具栏中选择"编辑渲染设置"，如图5-636所示。

图5-635　　　　　　　　　　　　　　　　　　　　　　　　　　　　　　　图5-636

**64** 在渲染设置中，勾选"多通道"，同时选择"效果"中的"全局光照"，如图5-637所示。

**65** 在"全局光照"中选择"辐照缓存"，并将"记录密度"修改为"高"，如图5-638所示。

**66** 在渲染设置中，勾选"多通道"，同时选择"效果"中的"环境吸收"，如图5-639所示。

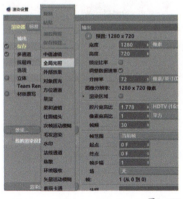

图5-637　　　　　　　　　　　　　　　　　　图5-638　　　　　　　　　　　　　　　　　　图5-639

**67** 在"环境吸收"中选择"缓存"，并将"记录密度"修改为"高"，如图5-640所示。

**68** 在工具栏中选择"渲染到图片查看器"，如图5-641所示。

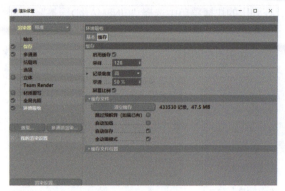

图5-640

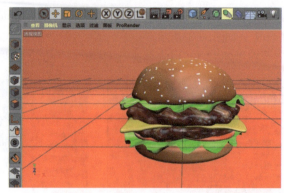

图5-641

**69** 渲染后的效果如图5-642所示。

本案例到此已全部完成。

🔗 **案例知识点一览** （1）参数化对象：球体、圆柱、立方体、圆盘

（2）NURBS：细分曲面

（3）对象和样条的编辑操作与选择：封闭多边形孔洞、倒角

（4）变形工具组：置换

（5）运动图形：克隆

（6）界面：Sculpt

图5-642

# 5.7 课堂练习：制作摩天轮模型

摩天轮是一种大型转轮状的机械建筑设施，乘客坐于摩天轮，随着摩天轮慢慢往上转，可以从高处俯瞰四周景色。在游乐园中，摩天轮常与云霄飞车、旋转木马合称"乐园三宝"。摩天轮也经常单独存在于其他的场合，例如作为活动的观景台使用。在电商平面设计中，摩天轮常作为辅助元素出现。在CINEMA 4D中，摩天轮模型需要使用圆环、圆柱等模型配合克隆、对称等功能制作完成。

请根据前面所学知识和你的理解，制作一个摩天轮模型，效果如图5-643所示。

要制作出摩天轮模型的具体要求如下。

- 使用圆环和圆柱制作出摩天轮的轮盘

- 使用圆柱制作出摩天轮的支架

- 使用圆柱和圆环制作出车厢

- 使用圆柱制作出底座

- 渲染摩天轮

图5-643

打开"每日设计"App，搜索"SP010501"，或在本书页面的"配套视频"栏目，可以观看"课堂练习：制作摩天轮模型"的讲解视频。

在"每日设计"App本书页面的"训练营"栏目可找到本课堂练习，将作品封装为1080像素×790像素的JPG文件进行提交，即可获得专业点评。一起在练习中进步吧！

# 第 **6** 章

# CINEMA 4D案例实训（高级）

通过第4章和第5章的学习，读者不仅掌握了7种基础几何体的使用技巧，还学习了如何使用变形工具组和造型工具组中的多种效果器，具备了独立建模的能力。本章的高级案例精简了具体的操作步骤，给读者留有自我思考和探索的空间，希望读者可以基于作者的建模思路，结合自己的认知，高效地创建自己所需要的模型，同时搭配合适的场景及灯光，直至渲染出效果图。

 每日设计

# 6.1 纸杯蛋糕——圆柱、球体、螺旋、置换、克隆

本节讲解纸杯蛋糕模型的制作方法。请记得，生活充斥了太多的不确定性，别忘了给自己来份小点心，做他人心目中最甜蜜的主角。纸杯蛋糕是电商平面设计中常见的元素之一，可作为主体元素或辅助元素出现，用于宣传主体或点缀和填充画面。在CINEMA 4D中，纸杯蛋糕模型需要使用圆柱和球体这两种几何体配合螺旋、置换、克隆等功能制作完成。

案例最终效果图展示

### 学习目标

通过本节的学习，读者将掌握纸杯蛋糕模型的制作方法。

### 主要知识点

圆柱、球体、螺旋、置换、克隆

## 6.1.1 奶油的建模

**01** 新建一个"圆柱"，在"圆柱"窗口中修改参数，如图6-1所示。

**02** 在"圆柱"窗口中，取消勾选"封顶"，如图6-2所示。

**03** 在透视视图界面下，选择图6-3所示的边。

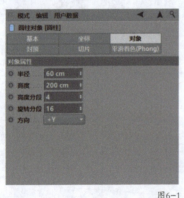

图6-1

图6-2

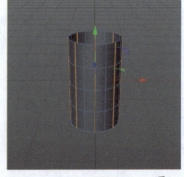

图6-3

**04** 在工具栏中，选择"变形工具组"中的"锥化"，如图6-4所示。

**05** 选择顶部的边，按【T】键切换到"缩放"工具，调整大小，如图6-5所示。

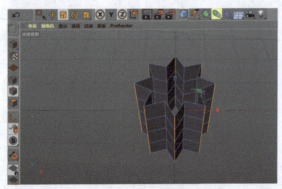

图6-4

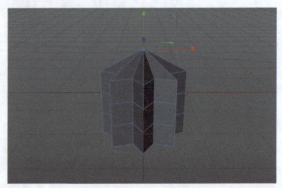

图6-5

**06** 选择图6-6所示的点，按【T】键切换到"缩放"工具，调整大小。

**07** 选择"封闭多边形孔洞"，将图6-7所示的面封闭。

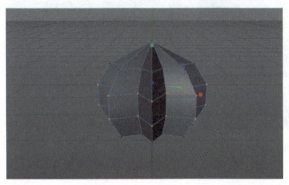

图6-6

图6-7

**08** 新建一个"螺旋"，在"螺旋"窗口中修改参数，如图6-8所示。

**09** 新建一个"细分曲面"，如图6-9所示。

**10** 在对象窗口中，将"细分曲面"重命名为"奶油"，如图6-10所示。

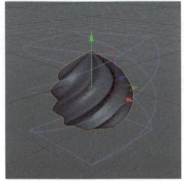

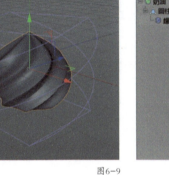

图6-8

图6-9

图6-10

## 6.1.2 蛋糕的建模

**01** 新建一个"球体"，按【C】键将其转化为可编辑对象，然后按【T】键将其压扁一些，如图6-11所示。

**02** 新建一个"置换"，在"置换"窗口中修改参数，如图6-12所示。

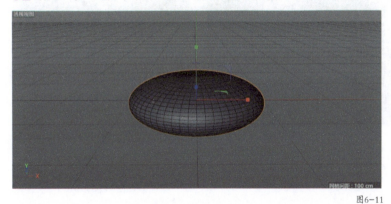

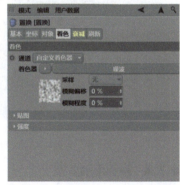

图6-11

图6-12

**03** 新建一个"细分曲面"，如图6-13所示。

**04** 在对象窗口中，将"细分曲面"重命名为"蛋糕"，如图6-14所示。

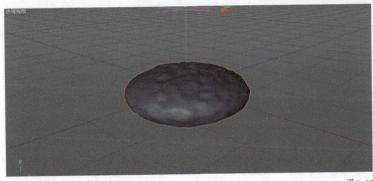

图6-13

图6-14

## 6.1.3 纸杯的建模

**01** 新建一个"圆柱",在"圆柱"窗口中修改参数,如图6-15所示。

**02** 在透视视图界面下,选择图6-16所示的边。

**03** 在工具栏中,关闭"Y"轴,按【T】键切换到"缩放"工具,调整大小,如图6-17所示。

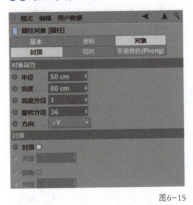

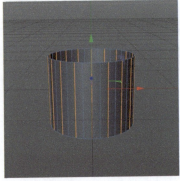

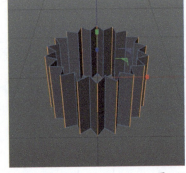

图6-15

图6-16

图6-17

**04** 选择"封闭多边形孔洞",将图6-18所示的面封闭。

**05** 在对象窗口中,将"圆柱"重命名为"纸杯",如图6-19所示。

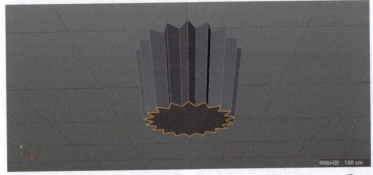

图6-18

图6-19

## 6.1.4 装饰的建模

**01** 新建一个"球体",如图6-20所示。

**02** 新建一个"克隆",在"克隆"窗口中修改参数,如图6-21所示。

*03* 透视视图界面中的效果如图6-22所示。

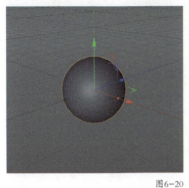

图6-20 图6-21 图6-22

*04* 在对象窗口中，将"克隆"重命名为"巧克力球"，如图6-23所示。

*05* 将素材"樱桃"置入，如图6-24所示。

*06* 在对象窗口中，全选所有的图层，编组并重命名为"纸杯蛋糕"，如图6-25所示。

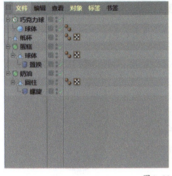

图6-23 图6-24 图6-25

## 6.1.5 纸杯蛋糕的渲染

*01* 在材质窗口中，新建图6-26所示的"材质"。

*02* 在对象窗口中，将"材质"分别赋予相对应的图层，如图6-27所示。

*03* 透视视图界面中的效果如图6-28所示。

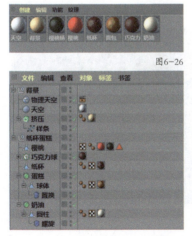

图6-26

图6-27

图6-28

**04** 搭设一个简单的场景，渲染效果图，如图6-29所示。

🔗 案例知识点一览　（1）参数化对象：球体、圆柱

（2）NURBS：细分曲面、挤压

（3）对象和样条的编辑操作与选择：封闭多边形孔洞、循环选择

（4）变形工具组：螺旋、置换

（5）运动图形：克隆

图6-29

# ▌6.2 巧克力雪糕——立方体、切刀工具、布料曲面、破碎

本节讲解巧克力雪糕模型的制作方法。空调和雪糕是炎热夏季的标配，醇正的巧克力脆皮包裹细腻的奶油雪糕，让人清凉一夏。巧克力雪糕是电商平面设计中常见的元素之一，可作为主体元素或辅助元素出现，用于宣传主体或点缀和填充画面。在CINEMA 4D中，巧克力雪糕模型需要使用立方体、矩形等模型配合切刀工具、布料曲面、破碎等功能制作完成。

### 学习目标

通过本节的学习，读者将掌握巧克力雪糕模型的制作方法。

### 主要知识点

立方体、切刀工具、布料曲面、破碎

## 6.2.1 奶油的建模

**01** 新建一个"立方体"，在"立方体"窗口中修改参数，如图6-30所示。

**02** 透视视图界面中的效果如图6-31所示。

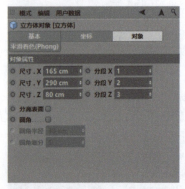

图6-30

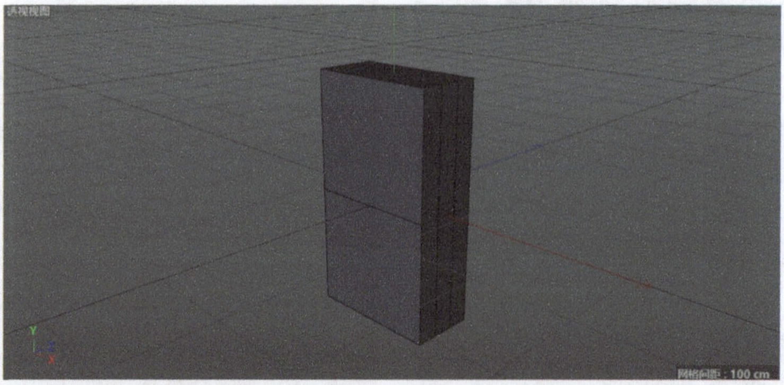

图6-31

**03** 新建一个"细分曲面"，如图6-32所示。

*04* 在对象窗口中，将"细分曲面"重命名为"奶油"，如图6-33所示。

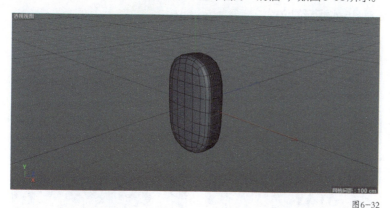

图6-32

图6-33

## 6.2.2 巧克力的建模

*01* 在正视图界面下，按【M+K】组合键进行线性切割，在图6-34所示的位置切割出一条线段。

*02* 在正视图界面下，使用"框选"工具选择图6-35所示的点。

*03* 按【Delete】键将选中的点删除，如图6-36所示。

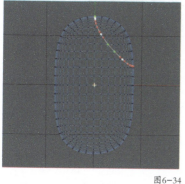

图6-34

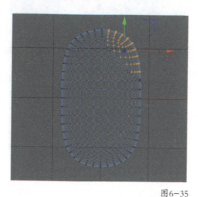

图6-35

图6-36

*04* 透视视图界面中的效果如图6-37所示。

*05* 新建一个"布料曲面"，在"布料曲面"窗口中修改参数，如图6-38所示。

*06* 透视视图界面中的效果如图6-39所示。

图6-37

图6-38

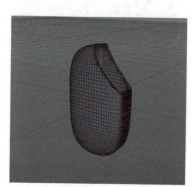

图6-39

*07* 新建一个"破碎"，在"破碎"窗口中修改参数，如图6-40所示。

**08** 透视视图界面中的效果如图6-41所示。

**09** 在正视图界面下，使用"笔刷"处理图6-42所示的位置。

图6-40

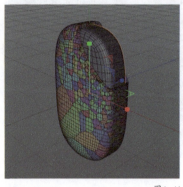

图6-41

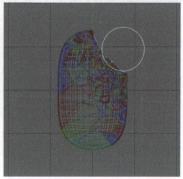

图6-42

**10** 透视视图界面中的效果如图6-43所示。

**11** 新建一个"破碎"，如图6-44所示。

**12** 新建一个"随机"，在"随机"窗口中修改参数，如图6-45所示。

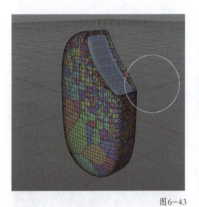

图6-43

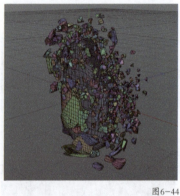

图6-44

图6-45

**13** 继续在"随机"窗口中修改参数，如图6-46所示。

**14** 在透视视图界面下，按【E】键切换到"移动"工具，调整"破碎"的位置，如图6-47所示。

图6-46

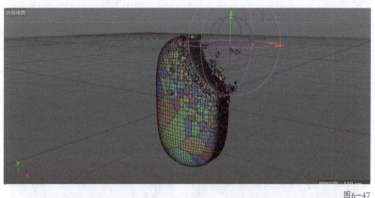

图6-47

**15** 进入"Sculpt"模式，使用"拉起"工具处理"奶油"，完善细节，如图6-48所示。

**16** 在对象窗口中，同时选择"随机"和"破碎"，编组后重命名为"巧克力"，如图6-49所示。

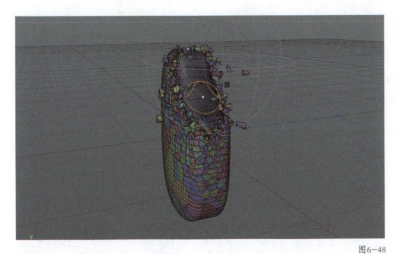

图6-48

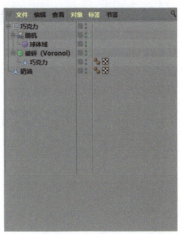

图6-49

### 6.2.3 雪糕棒的建模

**01** 在正视图界面下，新建一个"矩形"，如图6-50所示。

**02** 在图6-51所示的位置创建两个点。

**03** 按【T】键切换到"缩放"工具，调整大小。分别对点进行"柔性插值""倒角"处理，如图6-52所示。

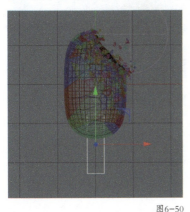

图6-50

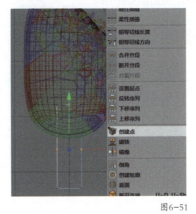

图6-51

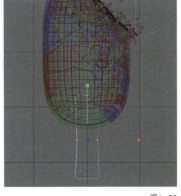

图6-52

**04** 新建一个"挤压"，在"挤压"窗口中修改参数，如图6-53所示。

**05** 透视视图界面中的效果如图6-54所示。

**06** 在对象窗口中，将"挤压"重命名为"雪糕棒"，如图6-55所示。

图6-53

图6-54

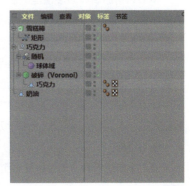

图6-55

### 6.2.4 巧克力雪糕的渲染

**01** 在材质窗口中，新建图6-56所示的"材质"。

**02** 在对象窗口中，将"材质"分别赋予相对应的图层，如图6-57所示。

**03** 透视视图界面中的效果如图6-58所示。

图6-56

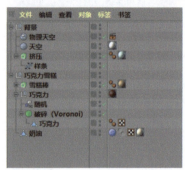

图6-57

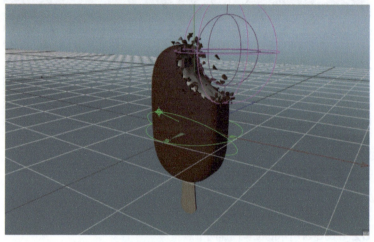

图6-58

**04** 搭设一个简单的场景，渲染效果图，如图6-59所示。

🔗 **案例知识点一览**　（1）参数化对象：立方体

（2）NURBS：细分曲面、挤压

（3）对象和样条的编辑操作与选择：倒角、柔性插值、线性切割

（4）模拟：布料曲面

（5）运动图形：破碎、随机

图6-59

## 6.3 甜筒冰激凌——立方体、星形、螺旋、循环切割

　　本节讲解甜筒冰激凌模型的制作方法。炎热的夏季，最美好的事情莫过于吃上美味的祛暑品，而冰激凌则是最受欢迎的祛暑品之一。甜筒冰激凌凭借其可口的味道，受到很多人的喜爱。同时，甜筒冰激凌也是电商平面设计中常见的元素之一，可作为主体元素或辅助元素出现，用于宣传主体或点缀和填充画面。在CINEMA 4D中，甜筒冰激凌模型需要使用立方体、星形、螺旋配合循环切割等功能制作完成。

#### 学习目标

　　通过本节的学习，读者将掌握甜筒冰激凌模型的制作方法。

案例最终效果图展示

**主要知识点**

立方体、星形、螺旋、循环切割

## 6.3.1 蛋卷的建模

**01** 新建一个"立方体"，在"立方体"窗口中修改参数，如图6-60所示。

**02** 在顶视图界面下，选择图6-61所示的点，并扩大一些。

**03** 新建一个"细分曲面"，如图6-62所示。

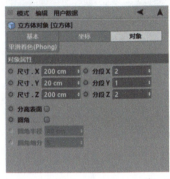

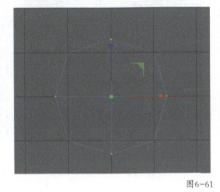

图6-60　　　　　　　　　　　　图6-61　　　　　　　　　　　　图6-62

**04** 将素材"甜筒冰激凌"置入，如图6-63所示。

**05** 根据素材"甜筒冰激凌"，制作"蛋卷"，如图6-64所示。

**06** 选择图6-65所示的面。

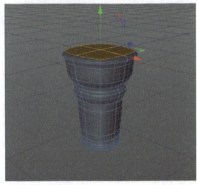

图6-63　　　　　　　　　　　　图6-64　　　　　　　　　　　　图6-65

**07** 将选中的面向下挤压出一定的高度，如图6-66所示。

**08** 在对象窗口中，将"细分曲面"重命名为"蛋卷"，如图6-67所示。

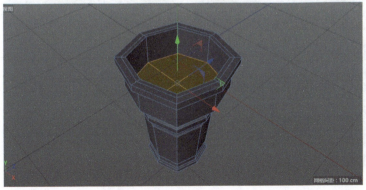

图6-66　　　　　　　　　　　　　　　　　　　　　　　图6-67

## 6.3.2　冰激凌的建模

**01** 新建一个"螺旋"，在"螺旋"窗口中修改参数，如图6-68所示。

**02** 新建一个"星形"，在"星形"窗口中修改参数，如图6-69所示。

**03** 选择图6-70所示的点，单击鼠标右键，在弹出的快捷菜单中选择"柔性插值"。

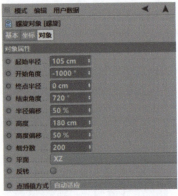

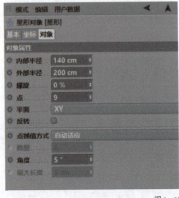

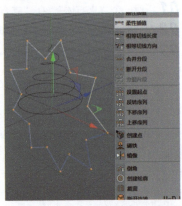

图6-68　　　　　　　　　　　图6-69　　　　　　　　　　　图6-70

**04** 新建一个"扫描"，在"扫描"窗口中修改参数，如图6-71所示。

**05** 透视视图界面中的效果如图6-72所示。

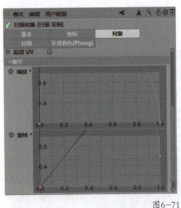

图6-71　　　　　　　　　　　　　　　　　　　　　　　图6-72

**06** 调整"冰激凌"和"蛋卷"的位置，如图6-73所示。

**07** 将"扫描"重命名为"冰激凌"，如图6-74所示。

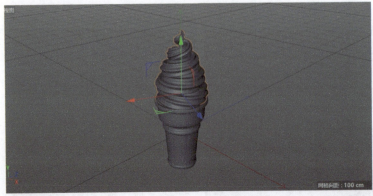

图6-73　　　　　　　　　　　　　　　　　　　　　　　图6-74

### 6.3.3 甜筒冰激凌的渲染

**01** 在材质窗口中，新建图6-75所示的"材质"。

**02** 在对象窗口中，将"材质"分别赋予相对应的图层，如图6-76所示。

**03** 透视视图界面中的效果如图6-77所示。

图6-75

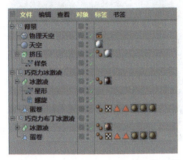

图6-76

图6-77

**04** 搭设一个简单的场景，渲染效果图，如图6-78所示。

> **案例知识点一览** （1）参数化对象：立方体
> （2）曲线工具组：星形、螺旋
> （3）NURBS：细分曲面、挤压
> （4）对象和样条的编辑操作与选择：柔性插值、循环切割

图6-78

## 6.4 巧克力蛋糕——圆柱、星形、挤压、放样、螺旋

本节讲解巧克力蛋糕模型的制作方法。巧克力蛋糕历来被人们视为"幸福食品"，常见于生日派对及婚礼，是常见的甜品之一。它的种类繁多，适合各年龄段的人食用。同时，巧克力蛋糕也是电商平面设计中常见的元素之一，可作为主体元素或辅助元素出现，用于宣传主体或点缀和填充画面。在CINEMA 4D中，巧克力蛋糕模型需要使用圆柱、星形配合挤压、放样、螺旋等功能制作完成。

**学习目标**

通过本节的学习，读者将掌握巧克力蛋糕模型的制作方法。

案例最终效果图展示

图文教程

CINEMA 4D
巧克力蛋糕建模及渲染
DESIGN BY ANQI

happy birthday

**主要知识点**

圆柱、星形、挤压、放样、螺旋

## 6.4.1 蛋糕的建模

**01** 新建一个"圆柱",在"圆柱"窗口中修改参数,如图6-79所示。

**02** 继续在"圆柱"窗口中修改参数,如图6-80所示。

**03** 透视视图界面中的效果如图6-81所示。

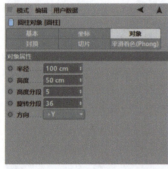
图6-79

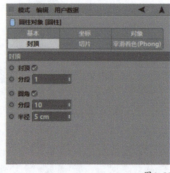
图6-80

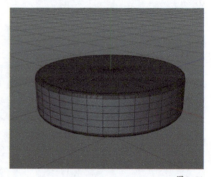
图6-81

**04** 在对象窗口中,将"圆柱"重命名为"蛋糕",如图6-82所示。

**05** 复制一份"蛋糕",在右视图界面下,选择"圆柱"下方的点,将下方的点删除,如图6-83所示。

图6-82

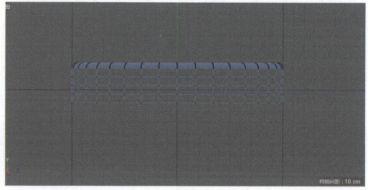
图6-83

**06** 在透视视图界面下,随机删除几个面,如图6-84所示。

**07** 选择图6-85所示的面,单击鼠标右键,在弹出的快捷菜单中选择"挤压"。

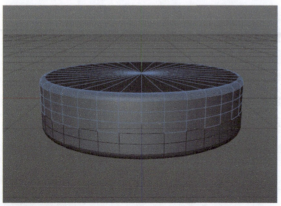
图6-84

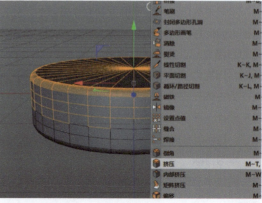
图6-85

**08** 在"挤压"窗口中修改参数，如图6-86所示。

**09** 新建一个"细分曲面"，如图6-87所示。

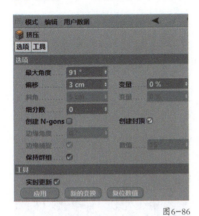

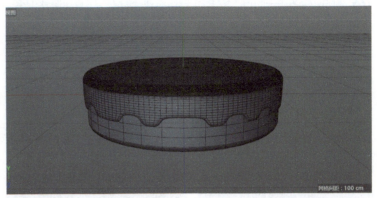

图6-86

图6-87

**10** 复制两份"蛋糕"，调整位置和大小，如图6-88所示。

**11** 在对象窗口中，调整图层名称，如图6-89所示。

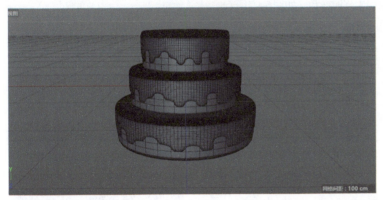

图6-88

图6-89

## 6.4.2 奶油的建模

**01** 新建一个"圆柱"，在"圆柱"窗口中修改参数，如图6-90所示。

**02** 继续在"圆柱"窗口中修改参数，如图6-91所示。

**03** 在透视视图界面下，选择图6-92所示的边。

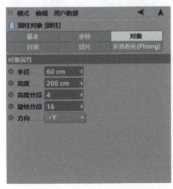

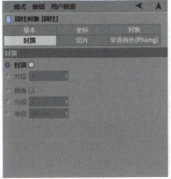

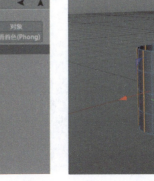

图6-90

图6-91

图6-92

**04** 在工具栏中，关闭"Y"轴，按【T】键切换到"缩放"工具，调整大小，如图6-93所示。

**05** 选择顶部的边，按【T】键切换到"缩放"工具，调整大小，如图6-94所示。

**06** 选择图6-95所示的点，按【T】键切换到"缩放"工具，调整大小。

图6-93

图6-94

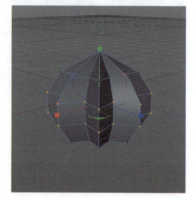

图6-95

**07** 选择"封闭多边形孔洞"，将图6-96所示的面封闭。

**08** 新建一个"螺旋"，在"螺旋"窗口中修改参数，如图6-97所示。

**09** 新建一个"细分曲面"，如图6-98所示。

图6-96

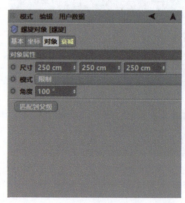

图6-97

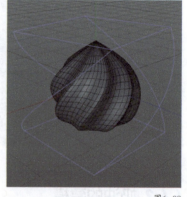

图6-98

**10** 新建一个"克隆"，在"克隆"窗口中修改参数，如图6-99所示。

**11** 透视视图界面中的效果如图6-100所示。

**12** 在对象窗口中，将"克隆"重命名为"奶油"，如图6-101所示。

图6-99

图6-100

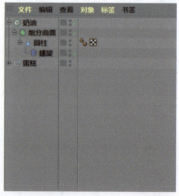

图6-101

### 6.4.3 装饰的建模

**01** 新建一个"文本"，在"文本"窗口中修改参数，如图6-102所示。

**02** 新建一个"扭曲"，将"强度"修改为"92°"，如图6-103所示。

**03** 新建一个"文本"，在"文本"窗口中修改参数，如图6-104所示。

图6-102

图6-103

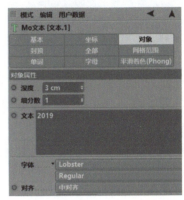
图6-104

**04** 透视视图界面中的效果如图6-105所示。

**05** 在对象窗口中，调整图层名称，如图6-106所示。

**06** 新建一个"星形"和"放样"，如图6-107所示。

图6-105

图6-106

图6-107

**07** 全选图6-108所示的面，单击鼠标右键，在弹出的快捷菜单中选择"挤压"。

**08** 在"挤压"窗口中，将"偏移"修改为"2 cm"，如图6-109所示。

**09** 透视视图界面中的效果如图6-110所示。

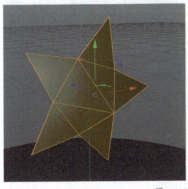
图6-108

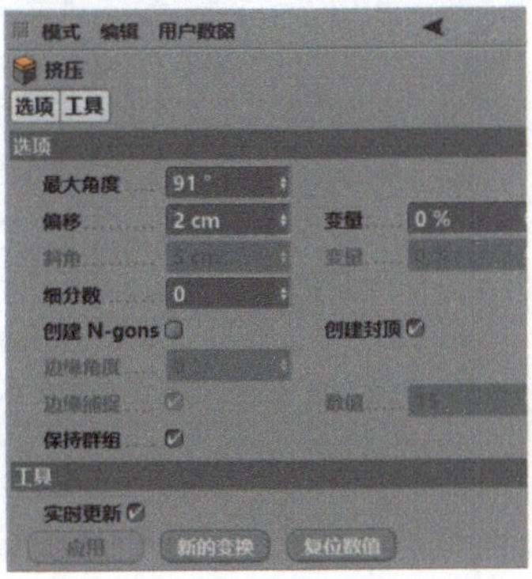

图6-109

图6-110

**10** 新建一个"圆柱"，在"圆柱"窗口中修改参数，如图6-111所示。

**11** 透视视图界面中的效果如图6-112所示。

**12** 复制两个"星星"，调整大小和位置，如图6-113所示。

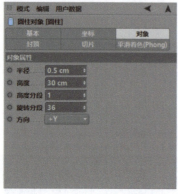
图6-111

图6-112

图6-113

**13** 在对象窗口中，调整图层名称，如图6-114所示。

**14** 新建一个"螺旋"，在"螺旋"窗口中修改参数，如图6-115所示。

**15** 新建一个"胶囊"，在"胶囊"窗口中修改参数，如图6-116所示。

图6-114

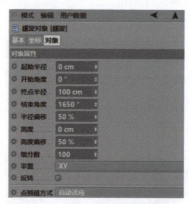
图6-115

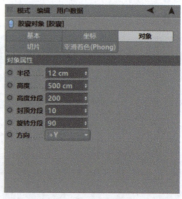
图6-116

**16** 新建一个"样条约束"，在"样条约束"窗口中修改参数，如图6-117所示。

**17** 新建一个"圆柱"，在"圆柱"窗口中修改参数，如图6-118所示。

**18** 透视视图界面中的效果如图6-119所示。

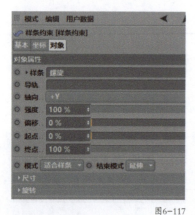
图6-117

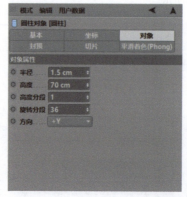
图6-118

图6-119

**19** 在对象窗口中，调整图层名称，如图6-120所示。

**20** 在透视视图界面下，将素材"甜甜圈"和"甜筒冰激凌"置入，并调整大小和位置，如图6-121所示。

**21** 在对象窗口中，调整图层名称，如图6-122所示。

图6-120

图6-121

图6-122

## 6.4.4 巧克力蛋糕的渲染

**01** 在材质窗口中，新建图6-123所示的"材质"。

**02** 在对象窗口中，将"材质"分别赋予相对应的图层，如图6-124所示。

**03** 透视视图界面中的效果如图6-125所示。

图6-123

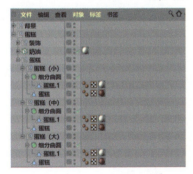

图6-124

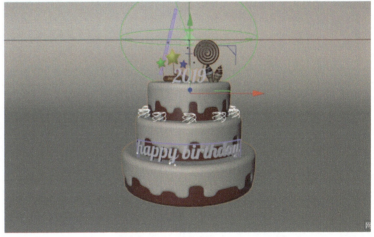

图6-125

**04** 搭设一个简单的场景，渲染效果图，如图6-126所示。

📎 **案例知识点一览**
（1）参数化对象：圆柱
（2）变形工具组：扭曲、置换
（3）曲线工具组：星形、螺旋
（4）NURBS：细分曲面、挤压
（5）对象和样条的编辑操作与选择：挤压

图6-126

# 6.5 课堂练习：制作水晶球模型

本节练习水晶球模型的制作方法。在电商平面设计中，水晶球常作为辅助元素出现。在CINEMA 4D中，水晶球模型需要使用圆柱、球体等模型配合克隆等功能制作完成。本案例可以使用配套的"礼盒""热气球""旋转木马"等素材作为装饰及辅助元素。

请根据前面所学知识和你的理解，制作一个水晶球模型，最终效果如图6-127所示。

要制作出水晶球模型的具体要求如下。

- 使用圆柱和球体制作出底座
- 使用球体制作出玻璃球
- 将旋转木马、礼盒、热气球这些素材置入玻璃球
- 使用胶囊制作玻璃球中的装饰物
- 渲染水晶球

图6-127

 打开"每日设计"App，搜索"SP010601"，或在本书页面的"配套视频"栏目，可以观看"课堂练习：制作水晶球模型"的讲解视频。

 在"每日设计"App本书页面的"训练营"栏目可找到本课堂练习，将作品封装为1080像素×790像素的JPG文件进行提交，即可获得专业点评。一起在练习中进步吧！